RAL · NEU 研究报告　No. 0034

大线能量焊接用钢氧化物冶金工艺技术

轧制技术及连轧自动化国家重点实验室

（东北大学）

北　京

冶 金 工 业 出 版 社

2020

内 容 提 要

本研究报告介绍了东北大学轧制技术及连轧自动化国家重点实验室在大线能量焊接用钢氧化物冶金工艺研究方面的进展。报告分为 6 个部分。其中，第 1 章介绍了大线能量焊接用钢研发进展和现状；第 2 章介绍了氧化物冶金工艺实验研究；第 3 章介绍了粗晶热影响区组织演变规律及其机理；第 4 章介绍了大线能量焊接用钢实验研究与工业开发；第 5 章介绍了氧化物冶金低碳钢热轧态组织性能调控；第 6 章为结论。

本书可供从事材料、冶金、焊接、机械等领域的科研人员及高等院校相关专业师生参考。

图书在版编目(CIP)数据

大线能量焊接用钢氧化物冶金工艺技术/轧制技术
及连轧自动化国家重点实验室(东北大学)著.—北京：
冶金工业出版社，2020.3
    (RAL·NEU 研究报告)
    ISBN 978-7-5024-8442-2

    Ⅰ.①大…　Ⅱ.①轧…　Ⅲ.①焊接冶金—钢铁冶金
Ⅳ.①TG401

中国版本图书馆 CIP 数据核字(2020)第 051869 号

出 版 人　陈玉千
地　　址　北京市东城区嵩祝院北巷 39 号　邮编　100009　电话　(010)64027926
网　　址　www. cnmip. com. cn　电子信箱　yjcbs@ cnmip. com. cn
责任编辑　卢　敏　王琪童　美术编辑　彭子赫　版式设计　孙跃红
责任校对　卿文春　责任印制　李玉山
ISBN 978-7-5024-8442-2
冶金工业出版社出版发行；各地新华书店经销；三河市双峰印刷装订有限公司印刷
2020 年 3 月第 1 版，2020 年 3 月第 1 次印刷
169mm×239mm；9 印张；143 千字；130 页
62.00 元

冶金工业出版社　投稿电话　(010)64027932　投稿信箱　tougao@ cnmip. com. cn
冶金工业出版社营销中心　电话　(010)64044283　传真　(010)64027893
冶金工业出版社天猫旗舰店　yjgycbs. tmall. com
　　　　　　(本书如有印装质量问题，本社营销中心负责退换)

研究项目概述

1. 研究项目背景与立题依据

在船舶、建筑等领域的大型钢制结构建造中，采用大线能量焊接工艺可显著提高工程施工效率，节约制造成本。常规钢材在大热输入条件下热影响区（HAZ）韧性严重恶化以致无法满足使用要求，因此必须研发出具备耐大线能量焊接特性的钢材。氧化物冶金是开发大线能量焊接用钢的有效工艺手段，但其涉及炼钢、连铸、轧制、焊接全流程的技术研发与精确控制，工艺复杂，技术难度大。国内外相关企业和机构已开展了大量研究工作，我国近年已取得显著研究进展，但由于其工艺复杂性和技术保护等原因，国内仍未实现成熟的工业化应用，整体上仍处于研发阶段。综合对大线能量焊接用钢研发与应用现状的分析，目前仍存在以下问题和不足之处。

日本较早开展了大线能量焊接用钢研发工作，目前已开发出不同特色的焊接韧性改善技术，但在应用中仍存在不足之处。新日铁第三代氧化物冶金采用纳米级 MgO 粒子钉扎奥氏体晶粒，但 MgO 钢中 HAZ 奥氏体晶界面积增加，晶界和侧板条铁素体转变趋势增加，晶内铁素体形核能力下降，阻碍了低温韧性的大幅提高。JFE EWEL 钢需同时精确控制 TiN、BN 析出以及氧、硫、钙元素的比例，这种易烧损、气体性及杂质元素的精确控制给工业生产带来困难，BN 析出易产生铸坯质量和钢板低温性能稳定性的问题，另外还需采用特殊焊材通过焊缝金属向热影响区扩散硼元素，不利于工业推广。神户制钢采用的多位向贝氏体技术通过极低碳设计降低 MA 岛含量，导致基体淬透性显著降低，为使大线能量 HAZ 缓慢冷却条件下生成全部贝氏体组织，即使低强度级别钢中也需添加大量合金元素，合金成本显著增加，同时易产生铸坯质量问题。

在氧化物冶金工艺和机理研究方面，基于氧化物冶金的冶炼凝固过程中脱氧反应热力学和动力学，以及不同脱氧条件下夹杂物的成分、数量、尺寸分布特征和全流程演变规律有待于深入系统研究。钢中常用合金元素对大线能量焊接 HAZ 组织性能的影响规律，不同强度级别大线能量焊接用钢合金元素的合理选择和成分体系优化设计需进一步完善。大线能量焊接粗晶热影响区脆化和韧化机制及夹杂物诱导针状铁素体形核机理存在不同的阐述，各组织调控机制和夹杂物形核机制的综合利用对提高 HAZ 性能等方面的研究亟需开展。

国外少数企业虽已实现了氧化物冶金工艺的工业化生产，但在成本和生产效率、产品合格率方面还未达到常规产品的控制水平，并且核心技术手段和实施方法未进行公开报道。国内已开展了基于氧化物冶金工艺的大线能量焊接用钢工业化研发工作，但所研发产品的级别及性能稳定性较低，还无法满足各领域的迫切需求。

另外，目前对氧化物冶金工艺的研究，大多关注焊接热影响区性能的改善，而氧化物冶金在轧态组织性能调控中的作用未得到关注。氧化物广泛分布于钢材基体中，如果能够充分利用其对组织的细化作用，将对厚板、管型材等不适于低温大变形工艺的产品生产具有特殊意义。目前国内在该方面的研究仍未开展。

本项目针对氧化物冶金大线能量焊接用钢研发的迫切需求和不足之处开展研究。通过本项目研究，将进一步明确大线能量焊接用钢组织性能调控机理与氧化物冶金关键控制技术，为工业化生产提供理论指导和研究基础，对促进国内大线能量焊接用钢领域的发展具有重要意义。

2. 研究进展与成果

进行了氧化物冶金脱氧热力学计算分析。结果表明，在一般微合金化条件下钛的多种脱氧产物中 Ti_2O_3 稳定性最高，为避免 Al_2O_3 的析出，在 0.01% Ti 时需控制铝含量在 0.004% 以下。锆和镁脱氧能力极强，微量锆可使 Al_2O_3 和 Ti_2O_3 还原，极微量镁就可使 Al_2O_3 转化成 $MgAl_2O_4$ 尖晶石。对 TiO 系和 MgO 系氧化物冶金工艺进行了实验研究，分析了各条件下夹杂物分布规律及 HAZ 组织特征。TiO 钢中控制钛脱氧前氧位约 0.005%，缩短浇铸时间及提高凝固冷速有利于夹杂物微细多量分布，钢中 TiO_x – MnS 夹杂物促进针状铁素体组织转变。钛和强脱氧剂 M（锆、镁、钙、稀土元素）复合脱氧进一步促进夹杂物细化，生成的 $TiO_x - MO_y(M(O，S)) - MnS - TiN$ 复相夹杂有效诱导针状铁素体形核。MgO 钢中的夹杂物主要为亚微米级 $MgO - TiN - MnS$ 复相夹杂，晶界钉扎效果显著，但在晶界面积增加和缺乏有效晶内形核的条件下，晶界铁素体和侧板条组织转变量增加，影响韧性的大幅提高。

针对 MgO 钢存在的不足，采用 $Ti - REM/Zr \rightarrow Mg$ 脱氧工艺可增加钢中含钛氧化物的体积分数，提高针状铁素体组织转变程度；对 MgO 钢进行钒微合金化处理可促进 MgO、TiN 和 $V(C，N)$ 的复合析出，利用界面共格机制提高夹杂物诱导铁素体形核能力，同时起到了钉扎奥氏体晶粒和促进晶内转变的两方面作用。综合采用两种处理工艺时，HAZ 组织细化效果最佳，侧板条铁素体和粗大晶界铁素体基本消失，整体组织细化均匀，500kJ/cm 线能量下 $-20℃$ 冲击韧性达到 200J 以上。

通过奥氏体连续和等温转变实验，分析了粗晶热影响区（CGHAZ）组织演变规律及夹杂物诱导铁素体转变机理。在 $Ti - Zr$ 脱氧钢粗晶奥氏体连续冷却转变中，低冷速时得到晶界铁素体和针状铁素体组织，高冷速时针状铁素体分割原奥氏体晶粒，显著细化贝氏体和马氏体板条束尺寸。随等温转变温度的降低，分别得到晶内多边形铁素体、较粗大针状铁素体、细化针状铁素体、晶内贝氏体组织。温度降低时相变驱动力增加，可激发形核的夹杂物尺寸减小，并且能同时生成多个细小板条。针状铁素体转变特征与贝氏体类似，具有不完全反应现象。贫锰区机制为 $Ti - Zr$ 钢中夹杂物诱导铁素体形核的主导机制，对含镍无锰钢的考察结果验证了锰元素在晶内铁素体转变过程中的关键作用。

研究了钢中常用合金元素对大线能量 HAZ 组织性能的影响规律。结合成分优化设计，实验室条件下研制了基于不同类型氧化物冶金工艺的 Q355 级、EH460 级、X80 级可大线能量焊接原型钢，分别满足 100 ~ 800kJ/cm 大线能量焊接性能。在此基础上进行了大线能量焊接用钢工业化技术开发，通过成分优化、冶炼流程的改进和轧制工艺的控制，获得微细均匀分布的含钛氧化物粒子，有效发挥组织细化效果。工业试制钢板在 200kJ/cm 气电立焊条件下，HAZ 粗晶区 $-60℃$ 冲击韧性达到 200J 以上。

为进一步实现氧化物冶金对钢板基体组织性能的改善，本研究中提出"氧化物冶金 + 新一代 TMCP"新型热轧钢材生产工艺路线。基于这一路线进行了实验探索。结果表明，氧化物冶金钢在奥氏体变形再结晶条件下仍可发生夹杂物诱导针状铁素体形核，提高变形温度和冷速有利于晶内铁素体转变量的增加。实验钢在"高温热轧＋超快冷"新一代 TMCP 工艺下获得针状铁素体型细晶组织，与常规钢相比强韧性能显著提高。该工艺的实施将对厚板、管材、型材、棒线材等不适于低温大变形的产品轧态性能的大幅提升具有特殊意义。通过对合金成分、冶炼工艺以及夹杂物类型的进一步优化控制，可获得具有不同晶内铁素体形貌特征的显微组织，满足不同钢材产品组织性能的要求。目前，这一技术已经在管材、长型材等产品生产中得到应用。

3. 论文与专利

论文：

（1）Wang Chao, Wang Xin, Kang Jian, et al. Microstructure and mechanical properties of hot – rolled low – carbon steel containing Ti – Ca oxide particles：a comparison between base metal and HAZ ［J］. Journal of Iron and Steel Research International, 2019, DOI：10. 1007/s 42243 – 019 – 00317 – 8.

（2）Wang Chao, Wang Xin, Yuan Guo, et al. Effect of austenitization conditions on the transformation behavior of low carbon steel containing Ti – Ca oxide particles ［J］. Materials, 2019, 12 （7）：1070.

（3）Wang Chao, Wang Xin, Yuan Guo, et al. Effect of thermomechanical treatment on acicular ferrite formation in Ti – Ca deoxidized low carbon steel ［J］. Metals, 2019, 9 （3）：296.

（4）Wang Chao, Wang Zhaodong, Wang Guodong. Effect of hot deformation and controlled cooling process on microstructures of Ti – Zr deoxidized low carbon steel ［J］. ISIJ International, 2016, 56 （10）：1800～1807.

（5）Wang Chao, Wang Guodong, Wang Zhaodong, et al. Mechanical properties and transformation behaviors of Ti – Zr killed low – carbon steels with high – temperature hot – rolling process ［J］. Steel Research International, 2016, 87 （12）：1715～1722.

（6）Wang Chao, Misra Devesh, Wang Guodong, et al. Transformation behavior of a Ti – Zr deoxidized steel：Microstructure and toughness of simulated coarse grain heat affected zone ［J］. Materials Science and Engineering A，2014，594：218～228.

（7）Wang Chao，Li Yuanyuan，Wang Zhaodong，et al. Isothermal transformation and precipitation behaviors of a microalloyed high strength steel under ultra fast cooling condition ［C］//Proceedings of the The Iron & Steel Technology Conference and Exposition，2014.

（8）Wang Chao，Wang Guodong. Simulated welding heat affected zone toughness and microstructure transformation of a Ti－Zr microalloyed low carbon steel ［J］. Advanced Materials Research，2013，816：124～128.

（9）Lou Haonan，Wang Chao，Wang Bingxin，et al. Evolution of inclusions and associated microstructure in Ti－Mg oxide metallurgy steel ［J］. ISIJ International，2019，59（2）：312～318.

（10）Lou Haonan，Wang Chao，Wang Bingxin，et al. Effect of Ti－Mg－Ca treatment on properties of heat－affected zone after high heat input welding ［J］. Journal of Iron and Steel Research International，2018，DOI：10. 1007/s42243－018－0091－6.

（11）Lou Haonan，Wang Chao，Wang Bingxin，et al. Inclusion evolution behavior of Ti－Mg oxide metallurgy steel and its effect on a high heat input welding HAZ ［J］. Metals，2018，8（7）：534.

（12）王超，王丙兴，王国栋，等. 合金元素对大线能量焊接用钢组织性能的影响 ［J］. 钢铁，2018，53（6）：85～91.

（13）王超，王国栋. 锆脱氧钢中非金属夹杂物及对显微组织的影响 ［J］. 东北大学学报（自然科学版），2015，36（5）：641～645.

专利：

（1）王超，王昭东，王国栋，等. 一种耐大线能量焊接高强度厚钢板的制造方法. 2017，中国，CN109321815A.

（2）王超，王丙兴，王国栋，等. 一种可承受大线能量焊接的屈服强度690MPa级钢板及制造方法. 2017，中国，CN109321851A.

（3）王超，王丙兴，王国栋，等. 一种适于超大线能量焊接的钢板及其

制造方法 . 2017, 中国, CN109321851A.

（4）王超, 王丙兴, 王国栋, 等 . 一种易焊接高温热轧厚钢板及其制备方法 . 中国, CN109321817A.

（5）王昭东, 王丙兴, 王超, 等 . 一种屈服强度 355MPa 级大线能量焊接用钢板及其制备方法 . 2017, 中国, CN109321846A.

（6）王丙兴, 王昭东, 王超, 等 . 一种可大线能量焊接 EH420 级海洋工程用厚钢板及其制备方法 . 2017, 中国, CN109321847A.

（7）王丙兴, 王昭东, 王超, 等 . 一种适于大线能量焊接的屈服强度 460MPa 级钢板及其制造方法 . 2017, 中国, CN109321816A.

（8）王超, 袁国, 王国栋, 等 . 一种高强度细晶粒钢筋及其制备方法. 2018, 中国, CN108374126A.

（9）王超, 袁国, 王国栋, 等 . 一种低温用高强韧性热轧 H 型钢及其制备方法. 2018, 中国, CN108286008A.

（10）袁国, 康健, 王超, 等 . 一种高强韧性热轧无缝钢管及其制备方法. 2018, 中国, CN108531806A.

4. 项目完成人员

主要完成人	职　称	单　位
王国栋	教授（院士）	东北大学 RAL 国家重点实验室
袁　国	教授	东北大学 RAL 国家重点实验室
王　超	讲师	东北大学 RAL 国家重点实验室
康　健	讲师	东北大学 RAL 国家重点实验室
李振垒	讲师	东北大学 RAL 国家重点实验室
王　新	（博士研究生）	东北大学 RAL 国家重点实验室
郝俊杰	（博士研究生）	东北大学 RAL 国家重点实验室
武子涵	（硕士研究生）	东北大学 RAL 国家重点实验室

5. 报告执笔人

袁国、王超。

6. 致谢

　　本研究是在东北大学轧制技术及连轧自动化国家重点实验室王国栋院士的悉心指导下，在项目成员的努力合作下完成的。本研究多个课题被列为东北大学轧制技术及连轧自动化国家重点实验室部署项目，实验室完善的科研平台和先进的检测手段，为本研究创造了良好的工作条件，衷心感谢实验室各位领导、相关老师和实验人员所给予的热情帮助和大力支持。本研究部分内容被列入多个国家级科研项目及企业科研项目，感谢各相关机构和单位的大力支持。本书的撰写和出版得到东北大学轧制技术及连轧自动化国家重点实验室和冶金工业出版社的支持和帮助，在此表示衷心的感谢。

目　　录

摘　　要

　　船舶、建筑等制造领域采用大线能量焊接工艺可显著提高施工效率，节约制造成本，因此对大线能量焊接用钢的需求不断增加。日本较早开展了大线能量焊接用钢研发工作，并处于国际领先水平。我国近年已取得显著研究进展，但在产品级别、性能稳定性及工业应用等方面仍存在较大不足。东北大学 RAL 国家重点实验室针对大线能量焊接用钢开展了系统研发工作，对氧化物冶金工艺技术、热影响区（HAZ）及基材组织性能调控机理进行了深入研究，主要包括以下内容。

　　进行了氧化物冶金脱氧热力学计算分析。结果表明，在一般微合金化条件下钛的多种脱氧产物中 Ti_2O_3 稳定性最高，为避免 Al_2O_3 的析出，在 0.01% Ti 时需控制铝含量在 0.004% 以下。锆和镁脱氧能力极强，微量锆可使 Al_2O_3 和 Ti_2O_3 还原，极微量镁就可使 Al_2O_3 转化成 $MgAl_2O_4$ 尖晶石。对 TiO 系和 MgO 系氧化物冶金工艺进行了实验研究，分析了各条件下夹杂物分布规律及 HAZ 组织特征。TiO 钢中控制钛脱氧前氧位约 0.005%，缩短浇铸时间及提高凝固冷速有利于夹杂物微细多量分布，钢中 TiO_x – MnS 夹杂物促进 AF 组织转变。钛和强脱氧剂 M（锆、镁、钙、稀土元素）复合脱氧进一步促进夹杂物细化，生成的 TiO_x – MO_y（M（O，S））– MnS – TiN 复相夹杂有效诱导 AF 形核。MgO 钢中的夹杂物主要为亚微米级 MgO – TiN – MnS 复相夹杂，晶界钉扎效果显著，但在晶界面积增加和缺乏有效晶内形核的条件下，晶界铁素体和侧板条组织转变量增加，影响韧性的大幅提高。

　　针对 MgO 钢存在的不足，采用 Ti – REM/Zr→Mg 脱氧工艺可增加钢中含钛氧化物的体积分数，提高针状铁素体组织转变程度；对 MgO 钢进行钒微合金化处理可促进 MgO、TiN 和 V(C，N) 的复合析出，利用界面共格机制提高夹杂物诱导铁素体形核能力，同时起到了钉扎奥氏体晶粒和促进晶内转变的两方面作用。综合采用两种处理工艺时，HAZ 组织细化效果最佳，侧板条

铁素体和粗大晶界铁素体基本消失，整体组织细化均匀，500kJ/cm 线能量下
−20℃冲击韧性达到 200J 以上。

　　通过奥氏体连续和等温转变实验，研究了粗晶热影响区（CGHAZ）组织
演变规律及夹杂物诱导铁素体转变机理。在 Ti−Zr 脱氧钢粗晶奥氏体连续冷
却转变中，低冷速时得到晶界铁素体和针状铁素体组织，高冷速时针状铁素
体分割原奥氏体晶粒，显著细化贝氏体和马氏体板条束尺寸。随等温转变温
度的降低，分别得到晶内多边形铁素体、较粗大针状铁素体、细化针状铁素
体、晶内贝氏体组织。温度降低时相变驱动力增加，可激发形核的夹杂物尺
寸减小，并且能同时生成多个细小板条。针状铁素体转变特征与贝氏体类似，
具有不完全反应现象。贫锰区机制为 Ti−Zr 钢中夹杂物诱导铁素体形核。对
含镍无锰钢的考察结果验证了锰元素在晶内铁素体转变过程中的关键作用。

　　研究了钢中常用合金元素对大线能量 HAZ 组织性能的影响规律。结合成
分优化设计，实验室条件下研制了基于不同类型氧化物冶金工艺的 Q355 级、
EH460 级、X80 级可大线能量焊接原型钢，均满足 100～800kJ/cm 大线能量
焊接性能。在此基础上进行了大线能量焊接用钢工业化技术开发，通过成分
优化、冶炼流程的改进和轧制工艺的控制，获得微细均匀分布的含钛氧化物
粒子，有效发挥组织细化效果。工业试制钢板在 200kJ/cm 气电立焊条件下，
HAZ 粗晶区 −60℃冲击韧性达到 200J 以上。

　　提出了"氧化物冶金＋新一代 TMCP"新型热轧钢材生产工艺路线。在
"高温热轧＋超快冷"新一代 TMCP 工艺下获得针状铁素体型细晶组织，与常
规钢相比强韧性能显著提高。该工艺的实施将对厚板、管型材等不适于低温
大变形的产品轧态性能的大幅提升具有特殊意义。

　　关键词：大线能量焊接用钢；氧化物冶金；非金属夹杂物；粗晶热影响
区；针状铁素体；冲击韧性；组织性能调控；新一代 TMCP

1 大线能量焊接用钢研发进展和现状

1.1 大线能量焊接技术及其用钢

中厚钢板在工程应用中多数会涉及焊接工序，为保证焊接接头质量，需对坡口形状、预热温度、线能量等参数进行严格控制。其中，线能量是焊接施工中非常重要的工艺参数，是指由焊接电源输入至单位长度焊缝上的能量，亦称热输入，一般用千焦/厘米（kJ/cm）表示。常规的焊接热输入在 50kJ/cm 以下，一般将 50kJ/cm 以上称为大线能量焊接。增大线能量可提高焊接效率，缩短工程制造周期。因此，在各工程领域，大型钢制焊接结构的制造均趋向于采用大线能量焊接方法，如图 1-1 所示。

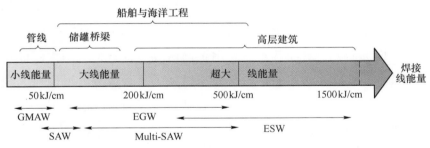

图 1-1　典型工程领域对大线能量焊接工艺应用需求

大型立式浮顶油罐的罐壁采用高强度钢板拼焊形成，包括纵向立缝和环形横缝。气电立焊（EGW）被广泛应用于储罐纵缝的焊接，为保证焊接质量，一般要求储罐用钢气电立焊线能量在 100kJ/cm 以下。在船舶制造领域，焊接工作量占船体建造总工作量 30% ~ 40%，焊接成本占船体建造成本的 30% ~ 50%。船板平面拼装阶段常采用双丝或多丝埋弧焊（Multi-SAW）、FCB 法单面埋弧自动焊，线能量可以达到 150kJ/cm 以上。船台大合拢垂直对接焊缝采用双丝气电立焊可一道次焊接成型，对 68mm 厚钢板焊接线能量可达 400kJ/cm 以上，是传统 CO_2 气体保护焊的 20 倍。建筑行业中钢结构的应用不断增加，所用的钢材规格越来越大型化，如国家体育场（鸟巢）、中国中央电视台总部大楼采用的高强度钢板最大厚度达 110mm。高层建筑钢结构采用的焊接 H 型钢和箱形立柱一般采用高效多丝埋弧自动焊，特别是箱形柱的隔板需采用电渣焊（ESW），线能量可达到 1000kJ/cm 以上。

大线能量焊接技术的应用所面临的普遍问题是大热输入条件下钢材性能的急剧恶化。焊接热影响区粗晶区（CGHAZ）特别是近熔合线处峰值温度达到 1400～1450℃，且高温停留时间长，奥氏体晶粒过度粗化，一般达到 400～500μm 以上，焊后冷却速度十分缓慢，$t_{8/5}$（800～500℃的冷却时间）达到100～1000s，极易形成尺寸粗大的相变组织，冲击韧性损失严重。因此，为保证焊接结构质量，所用钢材必须具备耐大线能量焊接性能，其主要特征是 CGHAZ 奥氏体晶粒不显著粗化并形成微细相变组织，以此提高裂纹扩展吸收功，改善冲击韧性。

耐大线能量焊接用钢的开发涉及冶炼、凝固、轧制和焊接等领域的研究。同时，大线能量焊接用钢通常是厚规格钢板，还需满足高强韧性、均匀性、Z 向性能、止裂性等基体力学性能，因此开发难度较大。我国近十余年加大了大线能量焊接用钢的研发力度，已取得一定进展。日本在 20 世纪 70 年代就开展了该方面的研究，目前其各主要钢企已形成了各具特色的大线能量焊接用钢生产技术，此外，韩国的相关研究也取得了显著成果。下面对大线能量焊接用钢的开发历程和研究现状进行了总结，对我国大线能量焊接用钢的研发工作具有一定借鉴意义。

1.2 国外大线能量焊接用钢的研发进展

1.2.1 日本研发历史与最新进展

1.2.1.1 20 世纪 70 年代——研发初期

20 世纪 70 年代中期，新日铁（现属新日铁住金）的金沢等人[1,2]开创性地研究了采用 TiN 细化 HAZ 组织，开发出可大线能量焊接 HT50、HT60 钢。在对各种碳氮化物的研究中发现，只有 TiN 粒子对高温奥氏体晶界钉扎效果显著。通过 TiN 处理开发的 HT60 钢在 100~200kJ/cm 焊接条件下，近熔合线处韧脆转变温度约在 −20℃。虽然晶粒尺寸显著细化，但由于钛、氮含量较高，大量 TiN 加热固溶后产生脆化作用，低温冲击韧性没有得到很好解决。但所提出的技术思路对大线能量焊接钢的发展具有特殊意义，此后各种 HAZ 组织性能调控手段不断发展起来。

川崎制铁（现属 JFE）的坪井等人[3]通过研究不同比例地添加锆、稀土元素、硼发现，只有稀土 − 硼复合添加时 HAZ 冲击韧性显著改善，稀土元素和硼元素最佳质量分数范围分别为 0.02%~0.04% 和 0.002%~0.0035%。稀土元素 − 硼钢的 HAZ 组织细化机制为，晶界的硼抑制粗大先析铁素体形成，$Ce_2O_2S − BN$ 复合析出促进晶内铁素体形核。稀土元素氧硫化物在钢中微细分散，高温加热时不溶解，作为核心促进 BN 的复合析出。采用稀土元素 − 硼技术生产的 HT50 钢，230kJ/cm 埋弧焊熔合线处韧脆转变温度达到 −40℃ 以下。

神户制钢的笠松等人[4,5]针对 TiN 的析出行为和组织细化效果进行了深入研究。在对各种 Ti − N 含量的熔合区韧性统计发现，钛、氮含量分别存在最佳值即钛约 0.015%、氮约 0.005%。对各 Ti − N 含量钢的热轧态和焊接热循环后 TiN 析出规律的分析发现，HAZ 中存在 TiN 析出量最大值，对应最佳韧性及组织最细化程度。通过对最佳 Ti − N 含量的控制，TiN 微细弥散析出，采用常规的钢板制造流程即可制备出大线能量焊接用钢。

1.2.1.2 20 世纪 80 年代——快速发展时期

日本在冰海域海洋构造物和 LPG 储运装备的发展背景下，对大线能量焊接低温用钢的需求增加，并对低温韧性要求更加严格。由于 TiN 系钢的钛、氮含量过高，低温韧性存在局限，新日铁研究人员又进行了低 N − Ti − B 系钢的研发[6~8]。采用控轧控冷技术开发的 YP36 厚钢板，在 200kJ/cm 线能量下能满足 −60℃ 韧性要求。低 N − Ti − B 系钢 HAZ 韧性改善的原因是碳当量和固溶氮的降低，以及晶内板条铁素体微细组织的形成。新日铁研究人员指出晶内铁素体形核机制为，TiN − MnS 可作铁素体形核核心，但形核温度较低，而 $Fe_{23}(CB)_6$ 易于在 MnS 上复合析出产生贫碳区，进一步提高了铁素体形核能力。

川崎制铁对低氮化 REM – Ti 处理技术进行了研究[9~11]。极低氮含量（0.002%）下，对于近熔合线区，钛与氮的百分含量之比 Ti/N 在 0~6 范围内其韧性没有变化；对 FL+1mm 位置，Ti/N 在 2~3 时韧性最佳。采用微 REM – Ti 处理，在熔合线处因 TiN 大量溶解失去对奥氏体钉扎作用时，利用微细 REM（O，S）粒子抑制奥氏体长大。采用 REM – Ti 处理生产的 30~50mm 厚 YP42 钢板，在 200kJ/cm 线能量下 HAZ 区域 –60℃平均 CTOD 值达 0.25mm，应用于极地海洋构造物。并进一步采用该技术开发了满足 –60℃优良冲击韧性要求的大线能量焊接船舶和海工用 YP460 钢板。

日本钢管 NKK（现属 JFE）研究者采用低 Ceq – 高铝 – 低氮 – 微量钛路线对大线能量焊接低温用钢进行了研究[12]。对比分析了高氮 – 钛系、铝 – 氮系、低氮 – 钛系三类钢的成分因素对 HAZ 韧性影响规律。对铝 – 氮系钢，高铝 – 低氮钢比低铝 – 低氮、高铝 – 高氮钢具有更佳的韧性，韧脆转变温度达 –77℃。这时虽然得到上贝氏体组织，但由于固溶氮的降低对基体脆化作用减弱，仍得到很高的 HAZ 韧性。利用控制轧制和 OLAC 控制冷却降低碳当量，采用高铝 – 低氮 – 微量钛处理的 50 千克级大线能量焊接低温用钢，应用于冰海构造物和破冰船的建造。

神户制钢考察了氮、铝、硼、钛对大热输入 HAZ 韧性的影响[13,14]，在含氮量 0.005% 钢中复合添加 0.001% B 和 0.01% Ti，韧脆转变温度达 –70℃，韧性大幅改善。钛 – 硼 – 氮处理对 HAZ 韧性的改善是 TiN、BN 析出对组织细化和固溶氮降低的复合结果。在极低 C 钢的研究中，充分利用控制轧制 – 加速冷却和铌微合金化来提高强韧性、降低碳当量。采用极低 C 钢开发的冰海构造物用 25~38mm 厚 YP42 钢板，分别满足热输入 210kJ/cm 单面单层 SAW 焊接时 –40℃和 120kJ/cm 两面单层 SAW 焊接时 –60℃冲击韧性要求。生产的 30~50mm 厚 YP47 钢板不预热焊接时 200kJ/cm 线能量下焊接接头性能达到母材要求。

住友金属的中西和小溝等研究人员[15,16]在对 Ti – N 含量进行优化的基础上进一步采用极低硫 – 钙处理，利用微细分散钙系夹杂物补充 TiN 的组织细化作用，冲击韧性水平由 –40℃改善至 –60℃。在中高氮含量下添加钛所生成 TiN 能改善组织及降低固溶氮，Ti/N = 2~2.5 时韧性最佳。1450℃温度下熔合线附近 TiN 大量溶解，通过微细钙氧硫化物抑制奥氏体粗化，并且钙氧硫化物还作为铁素体形核核心，进一步细化组织[17]。进一步对钛、硼、铝、氮含量对韧性的影响进行分析和优化，采用低铝－中氮－钛－硼－钙处理开发的 YP36 钢板进一步满足 220kJ/cm 线能量和 -60℃ 韧性要求。

1.2.1.3　20 世纪 90 年代——突破性进展时期

新日铁研究者借鉴焊缝中钛氧化物促进针状铁素体形核的方法，提出采用氧化钛来改善 HAZ 韧性[18]。其研究发现 Ti－O 钢比之前的 Ti－N 系钢 HAZ 韧脆转变温度降低 20℃。Yamamoto 等人[19] 对 Ti－O 钢与之前开发的几种大线能量焊接用钢技术进行了对比分析。Ti－O 钢冶炼中铝质量分数限制在 0.004% 以下，采用钛元素脱氧，主要在凝固过程中微细分散析出直径 3μm 以下的 Ti_2O_3。几种钢的 HAZ 韧性如图 1－2a 所示，特别在 1450℃ 高温加热情况下 Ti－O 能起到最佳效果。Ti－O 钢对合金元素的适应性以铌为例，如图 1－2b 所示，低 N－Ti 钢加入铌后导致侧板条铁素体形成，而 Ti－O 钢中仍形成晶内铁素体组织，韧性基本不下降。

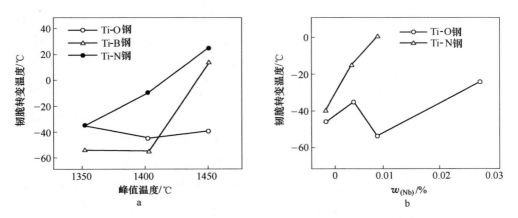

图 1－2　各成分系钢 HAZ（$t_{8/5}$ =161s）韧性的变化规律[19]

a—最高加热温度的影响；b—铌含量的影响

山本等研究者[20] 对 Ti_2O_3 钢中晶内铁素体的形成机制以及硼的作用进行了分析。加入硼后，在 130kJ/cm 热输入下能形成 90% 以上的晶内铁素体组织，晶界铁素体含量显著减少。HAZ 热循环后，硼的聚集位置和氧化钛绝大部分重合，并且硼在氧化钛中的质量分数达到约 0.02%，相当于基体中含量的 20 倍。分析表明 Ti_2O_3 中钛离子空位浓度高达 0.026，空位被基体中原子填充后晶格点阵振动熵增加，自由能降低，因此 MnS 和 TiN 易于在 Ti_2O_3 表面析出。MnS 和 TiN 的复合析出对 Ti_2O_3 诱导 IGF 形核具有重要的作用，MnS 的复合析出导致氧化物周围形成贫锰区，提高铁素体转变温度；同时 TiN 与铁素体具有低晶格错配度 3.8%，形成共格界面降低了铁素体形核功。Ti_2O_3、MnS、TiN、硼共同作用下 IGF 的形核机制如图 1-3 所示。

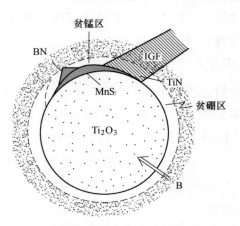

图 1-3　Ti_2O_3 及其复合析出物促进晶内
铁素体形核示意图[20]

通过钢中氧化物促进晶内铁素体形核，进而改善 HAZ 组织性能，这是大线能量焊接用钢研发过程中的重要突破。这一思想在 20 世纪 90 年代初由新日铁的高村和溝口等人以"氧化物冶金"的概念正式提出[21~24]。这一阶段的氧化冶金技术强调的是通过使氧化物大量微细弥散分布以促进 MnS 复合析出，由 MnS 析出形成的贫锰区起到晶内铁素体形核的效果。为了实现最佳的氧化物分布，需对全工艺流程进行控制[22]，包括 1）脱氧条件：脱氧元素种类、添加顺序、添加时期、添加前钢液组成、温度、镇静时间；2）凝固条件：铸造方法、过热度、凝固速度、冷却速度、钢液流动条件、防止偏析条件；3）凝固后加工热处理条件：冷却速度、温度履历、加工条件等。上岛等[25]研究了不同元素脱氧后氧化物的分散程度及对 MnS 复合析出的影响。与铝、钛脱氧相比，强脱氧元素铈、铈、锆、钇形成的氧化物粒子数量更多，分布也更均匀，MnS 的复合析出也更为弥散。研究表明[26]，钢液凝固过程中具有低熔点和高硫含量的锰系氧化物容易作为形核基底，从而促进周围基体中 MnS 的复合析出。

1.2.1.4　2000 年后——特色技术发展时期

高层建筑钢结构的发展对大线能量焊接钢提出更高的要求。箱形钢柱采用电渣焊往往达到 500kJ/cm 以上的超大线能量。此时，热影响区奥氏体晶粒的粗化成为最突出的问题。新日铁在前期研究基础上提出了 HTUFF 技术，其核心是利用尺寸在几十至几百纳米的镁的氧化物或硫化物和钙的氧化物或硫化物钉扎奥氏体晶界。镁、钙与氧和硫具有极强的亲和力，形成的氧硫化物粒子在钢中细小弥散分布，具有高热稳定性，在高温长时间加热也不分解，显著抑制奥氏体晶粒粗化。HTUFF 钢与以前的 TiN 钢和 TiO 钢对比示意图如图 1-4 所示，同时实现了超大线能量下奥氏体晶粒细化、晶界铁素体细化和晶内铁素体细化。HTUFF 技术开发出之后，广泛应用于造船、海洋、建筑、管线等领域大线能量焊接用钢[27~30]。

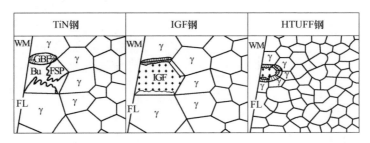

图 1-4 HTUFF 技术对 HAZ 显微组织控制示意图[31]

JFE 在前期研究基础上提出了焊接性能改善的 JFE EWEL 技术[32]。JFE EWEL 的技术要素包括以下几方面。（1）通过对钛、氮元素含量、Ti/N 比值优化控制，使 TiN 溶解温度从传统钢的 1400℃以下提高至 1450℃以上，奥氏体晶粒尺寸被有效控制在 200μm 以下。（2）采用 BN 和钙系夹杂物促进晶内铁素体组织形成，需要对氧、硫、钙含量进行严格控制，才能获得有效钙系夹杂物。（3）采用高硼含量的焊缝金属，则焊接过程中有足够的硼向 HAZ 扩散。（4）低 Ceq 成分设计。采用 Super-OLAC 快速冷却技术提高钢板强度和韧性，HAZ 韧性进一步改善。JFE EWEL 技术开发出之后，广泛应用于 YS390、YP460、SA440 等建筑、船舶、海工用大线能量焊接用钢的生产[33~35]。

神户制钢以 TiN 处理为基础进一步结合低 Ceq 化、适量铌添加及 TMCP 技术进行了船舶、建筑、桥梁等领域大线能量焊接用钢的开发[36,37]。另一方面，在前期极低碳钢研究的基础上开发出新型的微细低碳贝氏体或称低碳多位向贝氏体技术[38]。低碳多位向贝氏体技术改善 HAZ 韧性的手段包括三点：（1）近熔合线奥氏体晶粒粗大化抑制；（2）减少 MA 岛含量；（3）晶内转变组织微细化，如图 1 – 5 所示。采用该技术开发了高层建筑用 490MPa、590MPa 和 780MPa 级大线能量焊接用钢[39,40]。

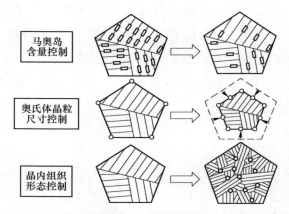

图 1 – 5　低碳多位向贝氏体技术改善 HAZ 韧性示意图

1.2.2　韩国主要研发工作

韩国钢铁企业的研究人员在 2000 年左右开始对大线能量焊接用钢及组织细化机制进行了重点研究。POSCO 公司研发的屈服强度 355MPa 级 50mm 厚船板用钢，采用 500kJ/cm 单道次气电立焊，具有 – 40℃高冲击韧性和焊接接头强度[41]。为满足大型集装箱船对高强度厚钢板的需求，POSCO 开发出 EH36、EH40 和 EH47 级别钢，能满足 300kJ/cm 大线能量 EGW 和 FCAW 焊接工艺，为适应 80mm 厚 600kJ/cm 单道次 EGW 焊接还研发出特殊 EH36 级钢，通过优化 Ti/N 配比提高 TiN 热稳定性改善 HAZ 韧性[42,43]。同时，POSCO 还进行了适用于大线能量焊接的建筑用 SM490、SM570 钢板的研发[44]。

韩国科学技术院 Shim 等人针对钛脱氧钢的针状铁素体转变行为进行了系统研究。分析表明低碳钢中钛脱氧产物为 Ti_2O_3。Shim 等人认为 Ti_2O_3 促进针状铁素体形核的主要机理为 Ti_2O_3 含阳离子空位，通过吸收周围锰原子形成（Ti，Mn）$_2O_3$ 产生贫锰区（MDZ）[45]。Shim 等人指出贫锰区的形成能力与奥氏体化温度有关，采用透射电镜检测不同加热温度下形成的贫锰区如图 1 – 6 所示[46]。此外，还研究了热变形条件下基体钢中通过 Ti_2O_3 诱导晶内形核形成针状铁素体组织改善基体力学性能的工艺条件[47,48]。

Shin 等人对针状铁素体型管线钢组织性能与工艺进行了大量研究，在此基础上进行氧化物冶金处理，改善 HAZ 韧性提高焊接线能量[49~51]。对 X70 和 X80 级别管线钢，采用 Ti - Mg 脱氧，形成的复合氧化物使 HAZ 由常规钢的粗大束状贝氏体结构改善为针状铁素体为主的细晶组织，焊接线能量提高至 50~60kJ/cm。Lee 等人对焊缝中夹杂物尺寸对针状铁素体形核能力的影响进行了深入研究[52]。在夹杂物成分和结构相近的情况下（Si - Mn - Al - Ti - O - S），形核能力随夹杂物尺寸增大而提高。尺寸小于 $0.2\mu m$ 夹杂物不能促进铁素体形核，尺寸增大至 $1.1\mu m$ 时形核能力达到最大。这项研究对针状铁素体形核机制的阐明和发展具有较大影响。

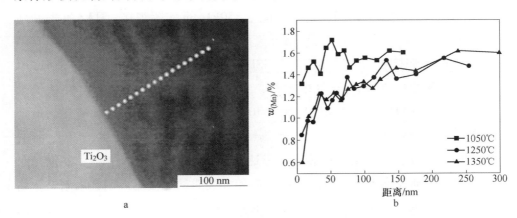

图 1-6　Ti$_2$O$_3$ 夹杂周围形成的贫锰区

a—透射电镜成分检测位置；b—不同位置锰含量变化

1.3　我国大线能量焊接用钢研发现状

国内对大线能量焊接用钢的重点研发始于 20 世纪末，是为了满足石油储罐建设对国产化钢材的需求。2004 年之前，我国 10 万立方米及以上储罐用高强度钢板基本从日本进口，钢板牌号为 SPV490。为打破这一被动格局，武钢率先研制出 WH610D2 储罐用高强度钢板，满足 100kJ/cm 气电立焊冲击韧性要求，应用于燕山石化 10 万立方米原油储罐的建造[53]。该钢种随后被列入《压力容器用调质高强度钢板》（GB19189—2003），牌号为 12MnNiVR。2003 年，我国开始筹建战略石油储备基地，为解决对国产化钢材的迫切需求，由国家发展和改革委员会牵头进行了大线能量焊接储罐用钢联合攻关，陆续开发出高强度钢板。这些钢板通过了全国锅炉压力容器标准化技术委员会的评审并得到应用。目前，储罐建设向大型化方向发展。我国将来要建造 20 万立方米及以上的超大型石油储罐。因此开发强度级别为 690MPa 或 780MPa 的大线能量焊接用钢已迫在眉睫。

近十余年来，国内主要钢铁企业和研究机构加大了对大线能量焊接船体用钢的研究，目前已经取得了较大进展。鞍钢与钢铁研究总院联合攻关，2009 年研发出 100kJ/cm 大线能量焊接用船体及海洋采油平台用钢。EH36、EH40 等 4 个系列产品率先通过多国船级社认证，填补了我国在该领域的空白。鞍钢在研发中采用 Ti－Mg 复合脱氧诱导晶内铁素体形成，提高大线能量焊接热影响区性能，对船板钢进行线能量 350kJ/cm 实际焊接，HAZ 冲击韧性超过 150J[54]。宝钢通过镁等强脱氧元素的氧化物冶金实验研究，开发了利用强脱氧剂改善焊接热影响区韧性的 ETISD 技术，对工业试验所开发的 68mm 厚 EH40 船板钢进行 400kJ/cm 气电立焊，热影响区奥氏体晶粒平均尺寸仅为 85μm，熔合线和 HAZ 冲击韧性均大于 100J[55]。沙钢通过 Ti－Mg 氧化物冶金工艺的研究，开发出了提高钢板焊接热影响区韧性的 SHTT 技术，用于船舶、建筑等用钢的开发，满足焊接热输入量达 550kJ/cm 的焊接条件[56]。湘钢与东北大学合作，研发出新一代石油储罐用钢和大线能量焊接船板钢，采用氧化物冶金工艺和 TMCP 技术开发的 40mm 厚 EH40 船板钢，290kJ/cm 气电立焊热影响区 -40℃ 冲击韧性在 200J 以上；传统的 12MnNiVR 石油储罐用钢焊接线能量为 100kJ/cm，所研发的新一代储罐用钢通过特殊氧化物冶金工艺生产，焊接线能量提高到 200kJ/cm 以上[57]。此外，钢铁研究总院对 V－Ti 钢在大线能量焊接用钢中的应用及其机理进行了研究[58]，武汉科技大学研究者对夹杂物诱导针状铁素体转变机制进行了深入研究[59]，北京科技大学研究者对夹杂物对低碳钢焊接热影响区组织性能的影响进行了深入分析[60]，以及其他机构的相关研究均取得了显著进展，促进了我国大线能量焊接用钢研究的进步。

1.4 目前仍存在的问题

综合上述对大线能量焊接用钢研发现状的分析，国内外相关企业和机构已开展了大量研究工作，但目前仍存在以下问题和不足之处。

（1）氧化物冶金涉及炼钢、连铸、轧制、焊接全流程的技术研发与精确控制，工艺复杂，技术难度大。国外少数企业虽已实现了工业化生产，但在成本和生产效率、产品合格率方面还未达到常规产品的控制水平，并且核心技术手段和实施方法未进行公开报道。国内已研发产品性能级别低，稳定性差，整体现状明显落后于国外先进水平。

（2）新日铁第三代氧化物冶金采用纳米级 MgO 粒子钉扎奥氏体晶粒。MgO 钢中 HAZ 奥氏体晶界面积增加，晶界和侧板条铁素体转变趋势增加，夹杂物诱导晶内铁素体形核能力下降，阻碍了低温韧性的大幅提高。MgO 钢存在的不足之处仍需进一步解决。

（3）JFE EWEL 钢需同时精确控制 TiN、BN 析出以及氧、硫、钙元素的比例。这种易烧损、气体性及杂质元素的精确控制给工业生产带来困难。BN 析出易产生铸坯质量和钢板低温性能稳定性的问题，另外还需采用特殊焊材提供扩散硼，不利于工业推广。

（4）神户制钢采用的多位向贝氏体技术通过极低碳设计降低 MA 岛含量，导致基体淬透性显著降低。为使大线能量 HAZ 缓慢冷却条件下生成全部贝氏体组织，即使低强度级别钢中也需添加大量合金元素，合金成本显著增加，同时易产生铸坯质量问题。

（5）基于氧化物冶金工艺的冶炼凝固过程中脱氧反应热力学和动力学，不同脱氧条件下夹杂物的成分、数量、尺寸分布特征和全流程演变规律有待于深入系统研究。

（6）钢中常用（微）合金元素对大线能量焊接 HAZ 组织性能的影响规律，不同强度级别大线能量焊接用钢合金元素的合理选择和成分体系优化设计需进一步完善。

（7）大线能量焊接粗晶热影响区脆化和韧化机制以及夹杂物诱导针状铁素体形核机理存在不同的阐述，各组织调控机制和夹杂物形核机制的综合利用将显著提高 HAZ 性能改善效果和稳定性，该方面的研究急需开展。

（8）目前绝大部分对氧化物冶金工艺的研究在于提高大线能量焊接 HAZ 性能，虽然国外已提出利用氧化物冶金改善钢材轧态性能的技术路线，但相关的组织性能调控机理和实施效果还不明确，而国内仍未开展这方面的深入研究。

针对上述问题，本研究将进一步明确大线能量焊接用钢组织性能调控机理与氧化物冶金关键控制技术，为工业化生产提供理论指导和实验基础。

2 氧化物冶金工艺实验研究

本章针对氧化物冶金常用脱氧元素进行了脱氧反应热力学计算，分析了各氧化物的析出规律。对第二代 TiO 钢和第三代 MgO 钢进行了实验研究，分析了各脱氧条件下夹杂物分布以及 HAZ 组织转变特征，明确了主要冶炼参数的影响规律和控制要点。在此基础上，针对目前氧化物冶金工艺的不足之处进行了改进，HAZ 组织性能进一步显著改善。

2.1 脱氧反应的热力学分析

2.1.1 硅锰脱氧反应

为控制氧化物冶金处理中合适的氧含量，实验中以及实际冶炼中均涉及硅锰的预脱氧环节，因此需对其进行分析。锰的脱氧能力较弱，硅的脱氧能力较强，复合脱氧时锰能提高硅的脱氧效果。硅－锰复合脱氧时存在下列反应平衡：

$$[Mn] + [O] \longrightarrow (MnO) \qquad \Delta G_m^{\ominus} = -244316 + 106.84T$$

$$[Si] + 2[O] \longrightarrow (SiO_2) \qquad \Delta G_m^{\ominus} = -594285 + 229.76T$$

$$[Si] + 2(MnO) \longrightarrow (SiO_2) + 2[Mn] \qquad \Delta G_m^{\ominus} = -28912 - 24.32T$$

$$\lg K_{Si-Mn}^{\ominus} = \lg \frac{a_{MnO}}{a_{Mn}a_O} = \frac{f_{Mn}^2 w_{[Mn]}^2 a_{SiO_2}}{f_{Si} w_{[Si]} a_{MnO}^2} = 1510/T + 1.27 = 2.08$$

$$K_{Si-Mn}^{\ominus} = 119.2(1600℃)$$

下面计算钢中 0.25% Si – 1.45% Mn，0.15% C – 0.25% Si – 1.45% Mn，0.06% C – 0.25% Si – 1.80% Mn 三种典型 Si – Mn 含量下平衡的氧含量。其中以 0.25% Si – 1.45% Mn 为例，$w_{[Mn]}/w_{[Si]} > 4$，故脱氧产物为不被 SiO_2 饱和的硅酸盐熔体。反应平衡时，上述三个反应也均达到平衡，所以可利用锰的反应式计算平衡氧含量。

$$[Mn] + [O] \Longrightarrow (MnO) \quad w_{[O]} = \frac{a_{MnO}}{f_{Mn}w_{[Mn]}K_{Mn}^{\ominus}}$$

$$\lg f_{Mn} = e_{Mn}^{Mn}w_{[Mn]} + e_{Mn}^{Si}w_{[Si]} = 0 \times 1.45 + 0 \times 0.25 = 0, f_{Mn} = 1$$

$$\lg f_{Si} = e_{Si}^{Si}w_{[Si]} + e_{Si}^{Mn}w_{[Mn]} = 0.11 \times 0.25 + 0 \times 1.45 = 0.0275, f_{Si} = 1.065$$

$$[Si] + 2(MnO) \Longrightarrow (SiO_2) + 2[Mn]$$

$$\frac{a_{SiO_2}}{a_{MnO}^2} = \frac{K_{Si-Mn}^{\ominus}f_{Si}w_{[Si]}}{f_{Mn}^2 w_{[Mn]}^2} = \frac{119.2 \times 1.065 \times 0.25}{1^2 \times 1.45^2} = 15.095$$

查表得 $a_{MnO} = 0.174$,所以 $w_{[O]} = \dfrac{a_{MnO}}{f_{Mn}w_{[Mn]}K_{Mn}^{\ominus}} = \dfrac{0.174}{1 \times 1.45 \times 17.08} =$

0.0070%。

将各计算结果列于表 2-1。结果表明采用 Si-Mn 进行预脱氧可大致满足氧化物冶金工艺中在钛等元素终脱氧前的要求氧位。

表 2-1 1600℃硅锰复合脱氧时不同基体成分下平衡氧含量(质量分数,%)

基体成分	0.25Si	0.25Si-1.45Mn	0.15C-0.25Si-1.45Mn	0.06C-0.25Si-1.80Mn
平衡氧含量	0.0092	0.007	0.0068	0.00628

2.1.2 钛铝脱氧反应

钛是氧化物冶金工艺中关键脱氧元素,钛与氧能形成不同化合价的多种类型氧化物。各氧化物的生成反应式如下:

$$[Ti] + [O] \Longrightarrow TiO \quad \Delta G_m^{\ominus} = -360250 + 130.8T$$

$$2[Ti] + 3[O] \Longrightarrow Ti_2O_3 \quad \Delta G_m^{\ominus} = -1072872 + 346.0T$$

$$3[Ti] + 5[O] \Longrightarrow Ti_3O_5 \quad \Delta G_m^{\ominus} = -1392344 + 407.7T$$

$$[Ti] + 2[O] \Longrightarrow TiO_2 \quad \Delta G_m^{\ominus} = -675720 + 224.6T$$

采用上述反应式计算的各氧化物的钛氧平衡关系如图 2-1a 所示,在低浓度范围内各氧化物的稳定性依次为 $Ti_2O_3 > TiO_2 > Ti_3O_5 > TiO$。另外,当钢液中氮含量较高时,会形成氮化钛夹杂。根据下列氧化钛和氮化钛的竞相析出反应进行计算,结果如图 2-1b 所示。在一般低合金钢的 Ti-N 含量下 1600℃平衡条件下不会析出 TiN 夹杂。

$$[\text{Ti}] + [\text{N}] \Longrightarrow \text{TiN} \qquad \Delta G_m^\Theta = -307620 + 113.4T$$

$$\text{Ti}_2\text{O}_3 + 2[\text{N}] \Longrightarrow 2\text{TiN} + 3[\text{O}] \qquad \Delta G_m^\Theta = 457632 - 119.2T$$

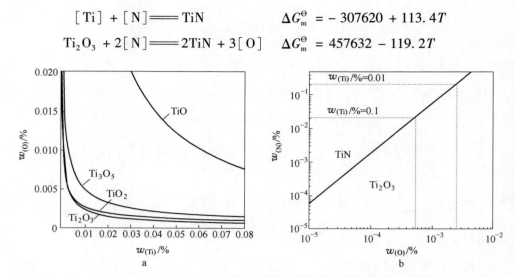

图 2 - 1 1600℃钢液中钛的反应平衡关系

a—钛氧平衡关系；b—Fe - Ti - O - N 系热力学参数状态图

当钢液中有溶解铝存在时，铝将与钛争夺氧而竞相析出，或将已生成的氧化钛还原生成氧化铝或形成复杂夹杂物如钛酸铝，所涉及的反应如下：

$$\text{Al}_2\text{O}_3 + \text{TiO}_2 \Longrightarrow \text{Al}_2\text{TiO}_5 \qquad \Delta G_m^\Theta = -25262 + 3.92T$$

$$[\text{Ti}] + 2[\text{Al}] + 5[\text{O}] \Longrightarrow \text{Al}_2\text{TiO}_5 \qquad \Delta G_m^\Theta = -1925810 + 622.2T$$

$$\text{Ti}_2\text{O}_3 + 2[\text{Al}] \Longrightarrow \text{Al}_2\text{O}_3 + 2[\text{Ti}] \qquad \Delta G_m^\Theta = -145930 + 48T$$

$$3\text{Ti}_3\text{O}_5 + 10[\text{Al}] \Longrightarrow 5\text{Al}_2\text{O}_3 + 9[\text{Ti}] \qquad \Delta G_m^\Theta = -1916978 + 746.9T$$

$$3\text{TiO}_2 + 4[\text{Al}] \Longrightarrow 2\text{Al}_2\text{O}_3 + 3[\text{Ti}] \qquad \Delta G_m^\Theta = -410444 + 114.2T$$

$$5\text{Ti}_2\text{O}_3 + 6[\text{Al}] \Longrightarrow 3\text{Al}_2\text{TiO}_5 + 7[\text{Ti}] \qquad \Delta G_m^\Theta = -413070 + 136.6T$$

$$\text{Ti}_3\text{O}_5 + 2[\text{Al}] \Longrightarrow \text{Al}_2\text{TiO}_5 + 2[\text{Ti}] \qquad \Delta G_m^\Theta = -533466 + 214.5T$$

$$5\text{TiO}_2 + 4[\text{Al}] \Longrightarrow 2\text{Al}_2\text{TiO}_5 + 3[\text{Ti}] \qquad \Delta G_m^\Theta = -473020 + 121.4T$$

$$5\text{Al}_2\text{O}_3 + 3[\text{Ti}] \Longrightarrow 3\text{Al}_2\text{TiO}_5 + 4[\text{Al}] \qquad \Delta G_m^\Theta = 316580 - 103.4T$$

$$3\text{TiO}_2 + [\text{Ti}] \Longrightarrow 2\text{Ti}_2\text{O}_3 \qquad \Delta G_m^\Theta = -118584 + 18.2T$$

根据各反应式绘出图 2 - 2。可知，为实现氧化物冶金效果，在 0.01% Ti 含量时，为得到氧化钛或钛铝复合氧化物，需控制溶解铝含量分别约为 0.001% 或 0.004% 以下。

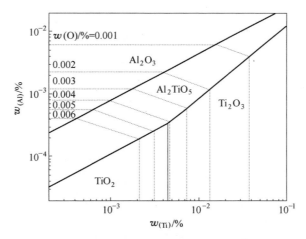

图 2 – 2   1600℃时 Fe – Al – Ti – O 系热力学参数状态图

2.1.3   钛锆脱氧反应

锆为不挥发性元素，加入钢液后将全部参与反应或溶解，工艺控制上比钙、镁更容易，且生成的氧化物尺寸细小，易保留在钢中。锆在钢液中与氧、硫、氮的反应如下：

$$[Zr] + 2[O] = ZrO_2 \qquad \Delta G_m^\ominus = -845532 + 266.1T$$

$$[Zr] + [S] = ZrS \qquad \Delta G_m^\ominus = -844382.7 + 363.8T$$

$$[Zr] + [N] = ZrN \qquad \Delta G_m^\ominus = -300445 + 109.2T$$

$$[S] + ZrO_2 = 2[O] + ZrS \qquad \Delta G_m^\ominus = 1149.3 + 97.693T$$

根据上述各式计算结果如图 2 –3 所示。可见，锆的脱氧能力非常强，与锆平衡的氧浓度极低，而氮化锆和硫化锆在达到液相线温度之前都不会析出，只有在凝固过程中才有可能析出。在一般低合金钢的氧、硫含量下，1600℃钢液中加入锆后只生成氧化物。

图 2 –3 适用于较低浓度范围，以质量分数代替活度，当浓度较高时需考虑元素间的活度相互作用系数，如下所示：

$$K^\ominus = \frac{1}{w_{[Zr]} \cdot w_{[O]}^2} \times \frac{1}{f_{Zr} f_O^2} \quad K' = \frac{1}{K^\ominus} = f_{Zr} f_O^2 w_{[Zr]} w_{[O]}^2$$

$$\lg f_{Zr} = e_{Zr}^{Zr} w_{[Zr]} + e_{Zr}^O w_{[O]} \approx e_{Zr}^{Zr} w_{[Zr]}$$

$$\lg f_O = e_O^{Zr} w_{[Zr]} + e_O^O w_{[O]} \approx e_O^{Zr} w_{[Zr]}$$

$$2\lg w_{[O]} = \lg K' - e_{Zr}^{Zr} w_{[Zr]} - 2e_{O}^{Zr} w_{[Zr]} - \lg w_{[Zr]}$$

$$\lg w_{[O]} = -4.849 + 3.984 w_{[Zr]} - 0.5\lg w_{[Zr]}$$

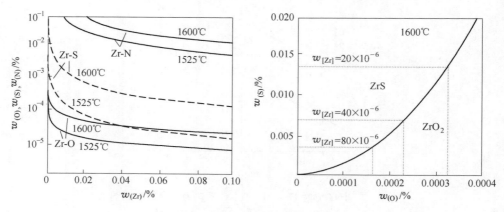

图 2 – 3 钢液中锆与氧硫氮的平衡

根据计算结果绘出图 2 – 4 中实曲线，虚线为未考虑活度系数。当锆含量增加至 0.05% 时，平衡氧浓度达到最小值之后增加，脱氧能力减弱。这是因为脱氧元素和氧原子结合的能力强，吸引力大，使 e_{O}^{Zr} 为负值。Zr 含量增加时，氧的活度系数降低，O 含量增加，脱氧能力降低。实验钢中不会涉及较高的锆含量，但注意到溶解 $w_{[Zr]}$ 达到 0.01% 时，用浓度计算活度积开始产生误差。

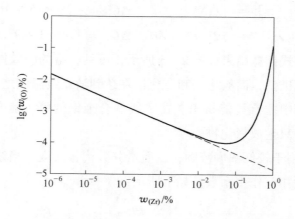

图 2 – 4 1600℃钢液中锆氧平衡曲线

根据相图 2 – 5，ZrO_2 与 TiO_2 能形成钛酸锆 $ZrTiO_4$，由于暂时缺少其热力

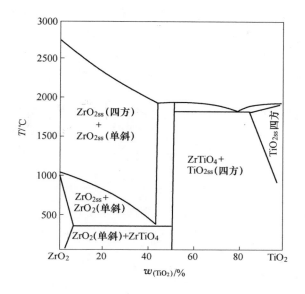

图 2 - 5 $ZrO_2 - TiO_2$ 二元相图

学数据，未对其进行平衡分析，但可以推断在钛脱氧的体系中，微量的锆即可使氧化钛变质为中间化合物，并且锆含量的范围应较窄，锆浓度稍微增加时，夹杂物转变为纯 ZrO_2，锆单独控制平衡的氧浓度。因此只分析了氧化锆与氧化钛之间的平衡，所涉及的反应式如下，并据此绘出平衡关系图如图 2 - 6 所示。

$$[Zr] + 2[O] \Longrightarrow ZrO_2 \qquad \Delta G_m^\ominus = -845532 + 266.1T$$

$$w_{[Zr]} w_{[O]}^2 = 2.1 \times 10^{-10}$$

$$2[Ti] + 3[O] \Longrightarrow Ti_2O_3 \qquad \Delta G_m^\ominus = -1072872 + 346.0T$$

$$w_{[Ti]}^2 w_{[O]}^3 = 1.4 \times 10^{-12}$$

$$[Ti] + 2[O] \Longrightarrow TiO_2 \qquad \Delta G_m^\ominus = -675720 + 224.6T$$

$$w_{[Ti]} w_{[O]}^2 = 7.7 \times 10^{-8}$$

$$3[Zr] + 2Ti_2O_3 \Longrightarrow 4[Ti] + 3ZrO_2 \quad \Delta G_m^\ominus = -390852 + 106.3T$$

$$w_{[Zr]}^3 = 4.5 \times 10^{-6} w_{[Ti]}^4$$

$$[Zr] + TiO_2 \Longrightarrow [Ti] + ZrO_2 \qquad \Delta G_m^\ominus = -169812 + 41.5T$$

$$w_{[Zr]} = 0.0027 w_{[Ti]}$$

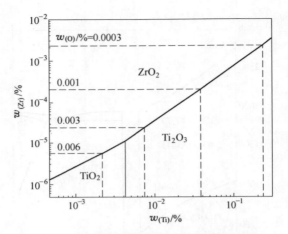

图 2-6 1600℃ 钢液中钛锆氧的平衡关系图

2.1.4 镁铝脱氧反应

铝是钢中常用的强脱氧剂。实验中涉及铝的脱氧反应以及铝和其他元素的竞争反应析出。此外耐材中进入钢液的镁极易与铝形成镁铝尖晶石夹杂，因此需对其进行分析。铝单独脱氧反应式可表示为：

$$2[Al] + 3[O] == Al_2O_3 \quad \Delta G_m^\ominus = -1218802 + 394T$$

$$K^\ominus = \frac{a_{Al_2O_3}}{a_{Al}^2 a_O^3} = \frac{1}{w_{[Al]}^2 w_{[O]}^3} = 3 \times 10^{13} (1600℃)$$

镁和铝同时参与氧化反应时，由于两者的脱氧能力非常强，各反应的平衡浓度都很低，为了简化计算，可用质量分数代替活度。由氧化物直接形成尖晶石的反应方程式为 $Al_2O_3 + MgO = MgO \cdot Al_2O_3$，$\Delta G_m^\ominus = -20790 - 15.7T$，因此两者极容易化合形成尖晶石夹杂物。有溶质元素参与的尖晶石生成反应为：

$$[Mg] + 2[Al] + 4[O] == MgO \cdot Al_2O_3 \quad \Delta G_m^\ominus = -1973640 + 625.92T$$

$$MgO + 2[Al] + 3[O] == MgO \cdot Al_2O_3 \quad \Delta G_m^\ominus = -887960 + 210.88T$$

$$w_{[Al]} = 1.4 \times 10^{-7} w_{[O]}^{-3/2}$$

$$Al_2O_3 + [Mg] + [O] == MgO \cdot Al_2O_3 \quad \Delta G_m^\ominus = -110720 - 93.51T$$

$$w_{[Mg]} = 10^{-8} w_{[O]}^{-1}$$

根据上述反应可得到 $MgO/MgO \cdot Al_2O_3$ 及 $Al_2O_3/MgO \cdot Al_2O_3$ 的相分界

线，另外，根据下面两反应式可分析不同脱氧产物类型与脱氧元素浓度的关系，结果如图 2 - 7 所示。微量的镁便可使氧化铝转化成尖晶石，因此钢液中存在尖晶石夹杂物是不可避免的。

$$4MgO + 2[Al] \Longrightarrow MgO \cdot Al_2O_3 + 3[Mg]$$

$$\lg K^\ominus = 50880/T - 33.09 \quad w_{[Mg]} = 10^{-2} w_{[Al]}^{2/3}$$

$$3MgO \cdot Al_2O_3 + 2[Al] \Longrightarrow 4Al_2O_3 + 3[Mg]$$

$$\lg K^\ominus = 46950/T - 34.27 \quad w_{[Mg]} = 7.9 \times 10^{-4} w_{[Al]}^{2/3}$$

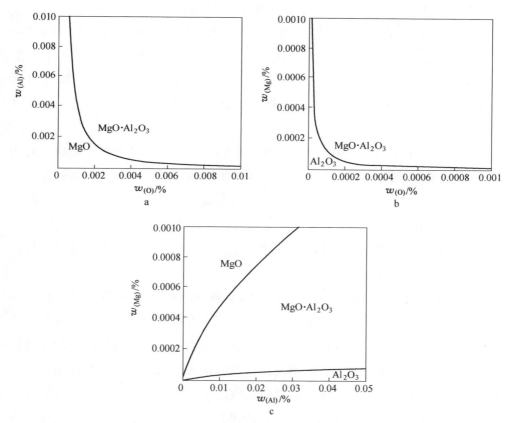

图 2 - 7　1600℃钢液中 Mg - Al - O 反应平衡关系

a—MgO/MgO · Al₂O₃；b—Al₂O₃/MgO · Al₂O₃；c—MgO/MgO · Al₂O₃/Al₂O₃

2.2　TiO 系钢氧化物冶金工艺实验研究

在各类氧化物中，氧化钛诱导晶内铁素体形核的能力最强。新日铁在提出氧化物冶金工艺后，对氧化钛的析出控制和组织细化机制进行了深入研究，将 TiO 系钢和之后开发的 MgO 系钢分别列为第 2 代和第 3 代技术（第 1 代指 TiN 系钢）。目前，国内机构进行的氧化物冶金型大线能量焊接用钢研发中，大部分将 TiO 的控制作为基本路线和主要目标。TiO 系大线能量焊接用钢的开发难点在于，如何控制足够数量的氧化物在钢中微细弥散分布，特别在工业化条件下更难实现。本节通过实验室研究分析主要冶炼工艺参数和脱氧方式对氧化物分布特征及其组织细化效果的影响规律，以明确钛脱氧钢的工艺控制要点，为 TiO 系大线能量焊接用钢的研发提供实验基础。

实验钢采用的基本成分为 0.08% C – 0.20% Si – 1.50% Mn – 0.005% S – 0.01% P。采用 RAL 实验室 10kg 真空感应炉进行熔炼和脱氧实验。基本操作流程为：抽真空→加热熔融→充氩气→调温→控氧→脱氧合金化→均匀成分→浇铸→破空。炉室配备了普通锭模和水冷铜模装置，可用于对比不同凝固冷速的影响。

添加钛脱氧之前钢液中氧含量对脱氧产物的尺寸和数量有重要影响，也是工业化控制的关键参数之一。工业条件下转炉出钢采用硅锰预脱氧后氧含量能达到 0.01% ~ 0.02% 以下，精炼进程中氧含量能达到 0.003% ~ 0.005%，并进一步降至 0.001% 以下。本实验中首先向钢液添加脱氧剂进行预脱氧，调整添加钛前溶解氧分别约为 0.015% 和 0.005%，再进行钛脱氧，以考察高氧位和低氧位脱氧的实际影响效果。

钢液脱氧之后夹杂物经历长大凝集上浮排除过程，这一过程的进行程度与钢液搅拌、停留时间有关，这里将加入脱氧剂至钢液浇铸经历的阶段称为脱氧时间。实验和工业条件下脱氧时间以及夹杂物排除的动力学条件存在很大差别。实验炉中液面浅，夹杂物上浮距离短，但没有顶渣对夹杂物的吸收作用，钢液与炉衬接触面积大，坩埚内壁对夹杂物的吸附作用更多，钢液流动通过电磁搅拌实现。工业条件钢包中夹杂物的上浮距离长，大部分夹杂物被熔渣吸收，单位体积钢液与内衬接触面积相对较小，通过底吹促进钢液流动和夹杂物上浮，并经历中间包浇注流动。在脱氧时间上，实验中基本在完成合金化之后即浇铸凝固，而工业中由于搬运、浇注，钢液停留时间达到 40min 以上。实验设计了钛脱氧之后分别停留 5min、15min、30min 以考察脱氧时间对夹杂物的影响，钢液停留期间采用 10kW 的输出功率进行电磁搅拌和调温。

由于钛不是强脱氧剂，钛脱氧的钢液中还存在约 0.001% ~ 0.002% 的溶解氧，在凝固过程中作为三次夹杂物反应析出。钢液凝固速度对氧化钛析出的尺寸和数量都有一定的影响。根据文献［61］研究已知，提高凝固冷速有利于减小氧化物析出尺寸，并增加析出粒子数量。实验中分别采用非水冷薄壁钢质锭模和水冷铜模来模拟较慢和较快凝固冷却速度，冷却水水压约 0.2MPa，限于实验条件，两者的凝固冷速未进行测定。

上述钢锭均经 1200℃ 加热后在试验轧机上热轧成 12 ~ 20mm 厚钢板。在轧态钢板上取样进行夹杂物分析以及焊接 HAZ 热模拟实验。夹杂物数量统计及成分分析通过扫描电镜或电子探针完成。背散射电子主要反映样品表面的成分特征，夹杂物统计时采用背散射电子成像，以提高识别率。焊接 HAZ 热模拟实验在 MMS300 热模拟试验机上完成，试样尺寸 11cm × 11cm × 55cm，模拟线能量 100kJ/cm，加热速度 100℃/s，峰值温度 1400℃，$t_{8/5}$ 冷却时间 137s，热模拟试样再加工为标准冲击试样测试冲击韧性。

试样经机械抛光后在扫描电镜下连续视场内获取一系列图像，成像效果如图 2 - 8 所示。利用图像分析软件进行夹杂物数量和尺寸统计。钛脱氧前氧含量分别为 0.015% 和 0.005% 条件下实验钢中夹杂物分布如图 2 - 9 所示，典型夹杂物成分如图 2 - 10 所示。

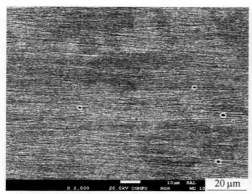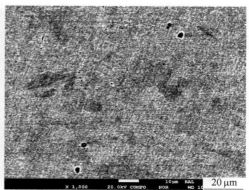

图 2 - 8　实验钢机械抛光试样进行扫描电镜夹杂物数量统计的图像示例

图 2 - 9 中夹杂物的数量从 0.2μm 开始统计，研究指出大于 0.2μm 的夹杂物才具备铁素体形核能力，并且在扫描电镜下 0.2μm 以下的夹杂物精确统计存在困难。如图 2 - 9 所示，钛脱氧前氧含量为 0.015% 和 0.005% 时，两

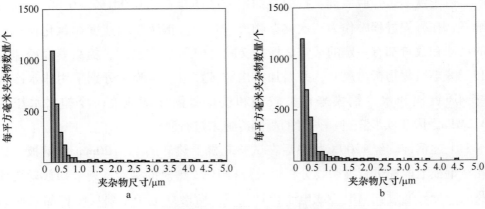

图 2 – 9　不同氧含量下钛脱氧的实验钢中夹杂物分布

a—$w_{(O)} = 0.015\%$；b—$w_{(O)} = 0.005\%$

钢中 $1\mu m$ 以下夹杂物均占绝大多数。两者对比发现，高氧含量下大于 $2\mu m$ 的大尺寸夹杂物的数量较多，而低氧含量时 $2\mu m$ 以下的微细夹杂物数量较多。在高氧含量下加入脱氧剂时，导致在局部区域内产生过高的溶质浓度，氧化物易于形核长大，平均尺寸增加。如图 2 – 10 所示，钛脱氧钢中典型夹杂物为 TiO_x – MnS 复合夹杂物，还含有少量铝元素，来自原料中带入的杂质。两种钢的 HAZ 组织如图 2 – 11 所示，高氧位时原奥氏体晶粒尺寸比较粗大，并易于生成晶界铁素体片层，晶内生成针状铁素体同时还生成一定量板条束结构。低氧位下原奥氏体晶粒较细，晶界粒状铁素体数量增多，并且晶内针状铁素体转变量和组织细化程度也得到改善。TiO_x – MnS 复合夹杂物诱导晶内针状铁素体形核的形貌如图 2 – 12 所示。

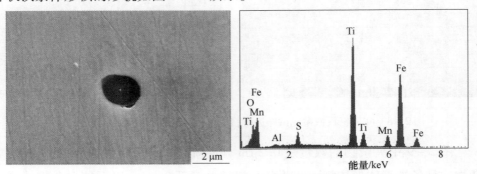

图 2 – 10　钛脱氧实验钢中夹杂物成分能谱分析

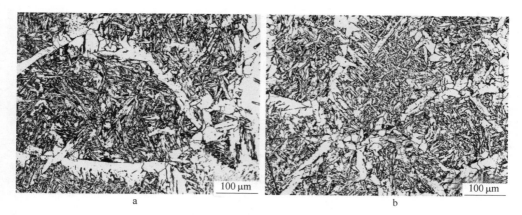

图 2 – 11　不同氧含量下钛脱氧的实验钢 HAZ 显微组织

a—$w_{(O)} = 0.015\%$；b—$w_{(O)} = 0.005\%$

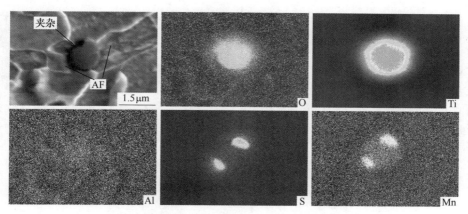

图 2 – 12　钛脱氧实验钢中诱导针状铁素体形核夹杂物成分分布

　　熔炼过程中，钢液中加入脱氧剂至浇铸凝固。不同脱氧时间下实验钢中夹杂物分布情况如图 2 – 13 所示。可知，随脱氧时间延长，夹杂物总量降低，并且 1μm 以下夹杂物数量下降明显。各条件下实验钢对应的 HAZ 显微组织如图 2 – 14 所示。脱氧 5min 时有足够数量的氧化物促进晶内铁素体转变，组织细化效果较为理想。脱氧 15min 时，HAZ 已生成较多的板条束结构，组织细化效果显著下降。脱氧时间延长至 30min 时，板条束结构成为主要组织，只在一少部分原奥氏体晶粒内形成针状铁素体，接近于常规钢的组织特征。根据该结果可得到如下规律：随着脱氧时间延长，微细夹杂物数量下降，晶内针状铁素体转变量减少，侧板条铁素体和上贝氏体束状结构增多，晶界片

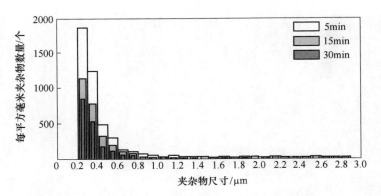

图 2 – 13　不同脱氧时间实验钢中夹杂物数量和尺寸分布

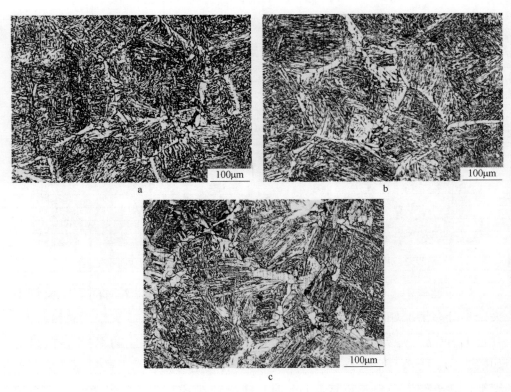

图 2 – 14　实验钢不同脱氧时间下 HAZ 显微组织

a—5min；b—15min；c—30min

层状铁素体尺寸和体积分数增加。在本实验条件下，钛脱氧钢的脱氧镇静时间需保持在 5min 以内可取得较好效果。实验过程中发现，夹杂物的排除方式主要为炉衬内壁的吸附。在电磁搅拌条件下，钢液循环流动对内壁反复冲刷，增大了钢液与炉衬的接触面积，已上浮至液面的夹杂物容易被卷入内部被内壁吸附。工业条件下脱氧工序至浇铸工序时间间隔很长，氧化物容易凝集长大排除。因此，一方面需缩短脱氧时间，将终脱氧环节后移，尽量接近凝固终点。另一方面采用强脱氧剂复合脱氧，细化夹杂物尺寸，减小凝集长大倾向，并且微细夹杂物在钢液中不易上浮排除，能更多量地保留下来。

实验采用非水冷钢锭模和水冷铜模分别模拟较慢和较快凝固冷却。两种条件下实验钢中夹杂物的分布情况如图 2-15 所示。其中 0.2μm 以下夹杂物作为定性参考。提高冷速可明显增加微细夹杂物的数量，夹杂物平均尺寸细化。冷速提高，凝固前沿液相区中氧化反应的过饱和度增加，夹杂物形核率提高，尺寸粗化受到抑制。对 HAZ 组织的改善效果如图 2-16 所示，快冷条件下产生的微细氧化物有利于抑制奥氏体晶粒粗化，并增加晶内针状铁素体的转变量。凝固冷速对氧化钛尺寸的影响可进行如下简化分析。

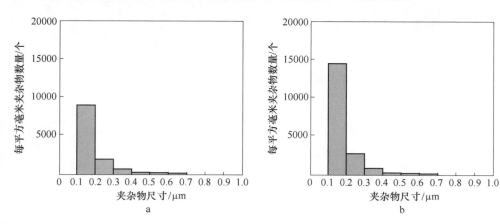

图 2-15　实验钢不同凝固冷速下夹杂物分布
a—慢冷；b—快冷

凝固过程 Ti_2O_3 的长大动力学方程如下[61]：

$$r\frac{\mathrm{d}r}{\mathrm{d}t} = \frac{M_{ox}\rho_m}{100 M_m \rho_{ox}} = D_L(c_L - c_e) \qquad (2-1)$$

式中　r——氧化物半径，m；

　　　t——从凝固开始经历的时间，s；

　　　M——摩尔质量，kg/mol；

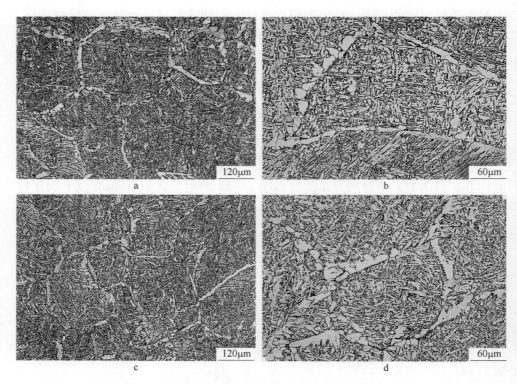

图 2 - 16 实验钢不同凝固冷速下 HAZ 显微组织

a, b—慢冷; c, d—快冷

ρ——密度, $\mathrm{kg/m^3}$;

D_L——钢液中溶质扩散系数, $\mathrm{m^2/s}$;

c_L——凝固过程液相前沿的溶质质量分数, %;

c_e——溶质平衡质量分数, %。

下标: m 表示钢液; ox 表示氧化物。

对式 (2-1) 的积分简化式为:

$$r = \sqrt{\frac{M_\mathrm{ox}\rho_\mathrm{m}}{50M_\mathrm{m}\rho_\mathrm{ox}}D_\mathrm{L}(c_\mathrm{L} - c_\mathrm{e})\tau} \tag{2-2}$$

式中, $\tau = (T_\mathrm{L} - T_\mathrm{S})/R_\mathrm{c}$ 为局部凝固时间; R_c 为凝固冷速。溶质偏析浓度采用 Scheil 方程 $c_\mathrm{L} = c_0(1 - f_\mathrm{s})^{k-1}$ 计算。由式 (2-2) 可知, 夹杂物的长大由溶质过饱和浓度 $c_\mathrm{L} - c_\mathrm{e}$ 和凝固时间所决定, $c_\mathrm{L} - c_\mathrm{e}$ 是凝固过程 $\mathrm{Ti_2O_3}$ 的长大驱动力。取凝固初始平衡浓度为 0.009% [Ti] - 0.001% [O], 各参数值和计算

方法见第 2 章。不同冷速下夹杂物长大的计算结果如图 2－17 所示，其中 10℃/min、100℃/min、1000℃/min 分别对应模铸、厚板坯连铸、薄板坯连铸的凝固冷速。推测实验用水冷模的冷速介于厚板坯和薄板坯连铸冷速之间。由图 2－17 可知，凝固冷速的提高有利于细化夹杂物尺寸。计算中未考虑夹杂物的初始直径以及凝固过程析出对偏析浓度的影响。

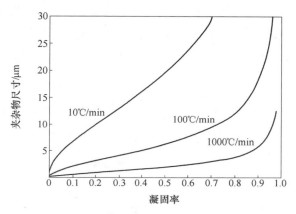

图 2－17　凝固冷速对氧化钛析出尺寸的影响

2.3　Ti－M 复合脱氧对 TiO 系钢的影响

通过上节研究内容可知，采用单纯钛脱氧的钢中氧化物易于长大去除，只有各工艺参数严格控制的条件下才能获得足够的微细钛氧化物和较佳的 HAZ 组织细化效果。根据脱氧热力学分析，钛的脱氧能力相对较弱，钢液中平衡的 ［Ti］－［O］ 含量较高，不易形成大量微细脱氧产物。一般情况下，采用强脱氧剂脱氧时，脱氧反应的过饱和度大，脱氧产物能达到均质形核条件而使形核率大为提高，并且平衡的溶解氧含量低，夹杂物难以长大。强脱氧剂生成的微细尺寸的夹杂物不易上浮而大多保留在钢液中，并且质量密度大的氧化物例如锆、稀土氧化物，也有利于其更多地保留在钢液中。另外，夹杂物的凝集长大趋势还与夹杂物和钢液的界面特性有关。

本部分实验所考察的强脱氧元素 M 包括锆、镁、钙、稀土元素（铈）。实验中发现，在不添加钛，而仅采用强脱氧剂脱氧形成单纯的强脱氧元素氧化物 MO 或氧硫化物 M（O，S）时，HAZ 针状铁素体的形核能力显著降低，

这表明 TiO_x 对晶内铁素体形核的重要作用。因此，为促进晶内针状铁素体转变，实验钢脱氧过程中先添加钛生成 TiO_x，再加入强脱氧剂生成含有 TiO_x 的 Ti – M – O 复合氧化物，从而细化脱氧产物尺寸并有效促进晶内铁素体转变。熔炼实验条件和实验钢的基本成分以及 HAZ 试样制备方法与上节相同。

钛脱氧和 Ti – M 复合脱氧钢中夹杂物的数量和尺寸分布如图 2 – 18 所示。以 Ti – Zr 脱氧为例，表明复合脱氧条件下微细尺寸夹杂物数量明显增加。对各脱氧条件下夹杂物分析如图 2 – 19 所示。选取较大尺寸夹杂物以便分析不同部位的成分组成。图 2 – 19 中所示夹杂物具有共同的特征，在较大尺寸的 TiO_x 基底上附着较小尺寸的 MO 或 M(O, S)，形成复相夹杂。这种复相夹杂的形成过程是，加入 M 元素后，TiO_x 粒子被还原并在原位形核析出 MO 或 (Ti, M)O，或钢液中反应生成的 MO 或 (Ti, M)O 粒子直接与 TiO_x 粒子聚合而成。

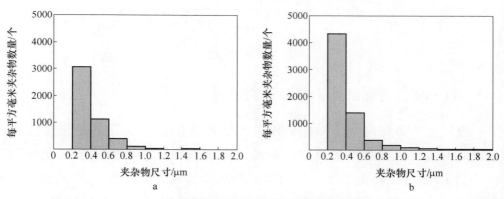

图 2 – 18　不同脱氧工艺下实验钢中夹杂物分布

a—Ti 脱氧；b—Ti – Zr 复合脱氧

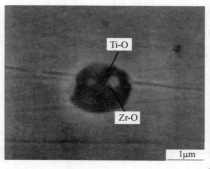
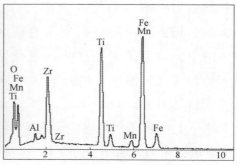

a

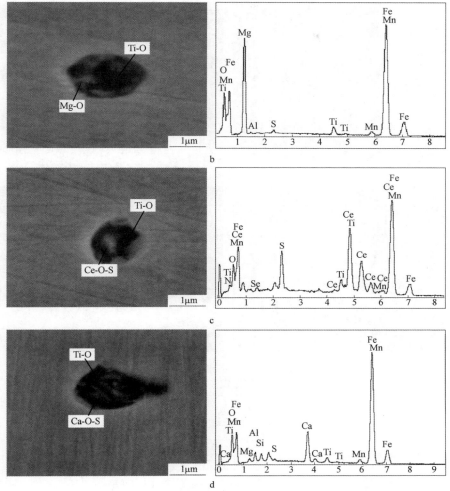

图 2－19　Ti－M 复合脱氧实验钢中夹杂物 EDS 成分分析

a—Ti－Zr 脱氧；b—Ti－Mg 脱氧；c—Ti－REM 脱氧；d—Ti－Ca 脱氧

　　Ti－M 复合脱氧对 HAZ 组织改善效果如图 2－20 所示。与钛脱氧钢相比，其晶内针状铁素体转变量增加，晶粒尺寸也更细化，晶界片层状铁素体尺寸和体积分数减小，侧板条铁素体长大趋势降低。另外可观察到，Ti－M 复合脱氧钢中 HAZ 原奥氏体晶粒尺寸与钛脱氧钢相比并未明显细化，仍达到 200～300μm 以上，其对 HAZ 组织和韧性的改善是通过增强晶内铁素体形核和转变来实现的。这表明含钛复合氧化物具备较强的诱导铁素体形核能力，强脱氧剂复合脱氧后含钛微细氧化物数量的增加改善了晶内铁素体转变的动

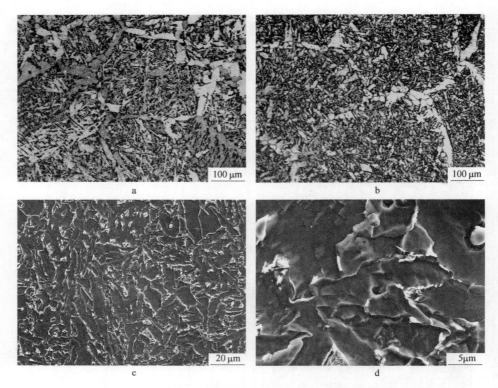

图 2 – 20　不同脱氧方式实验钢 HAZ 显微组织

（a，b 为光学金相；c，d 为 SEM 组织）

a—钛脱氧；b~d—Ti – M 复合脱氧

力学条件。复合夹杂物诱导针状铁素体形核的形貌以及夹杂物成分分布如图 2 – 21 和图 2 – 22 所示。图 2 – 21 中球形夹杂物以 TiO_x 为主体，外层覆盖 ZrO_2。推测夹杂物是 TiO_x 粒子被锆部分还原形成，原料中带入的残余铝也参与了氧化反应。夹杂物的局部还附着析出 MnS 粒子，形成了 TiO_x – ZrO_2 – (Al_2O_3) – MnS 复相夹杂，MnS 粒子是由于凝固偏析或在固相中析出。图 2 – 22 中球形夹杂物以 Ce(O，S) 为主体（规则化学式为 Ce_2O_2S，实验中能谱检测的元素比例有波动，用 Ce(O，S) 简化表示），其外层局部附着 TiO_x 粒子。推测 Ce(O，S) 为钢液脱氧时形成，凝固过程中元素偏析及平衡浓度积下降，TiO_x 在 Ce(O，S) 基底上形核析出。所检测到少量氮元素是由于固态钢中复合析出的 TiN，形成了 Ce(O，S) – TiO_x – TiN 复相夹杂。MnS 和 TiN 的复合析出对提高 TiO_x 的诱导铁素体形核能力具有促进作用。

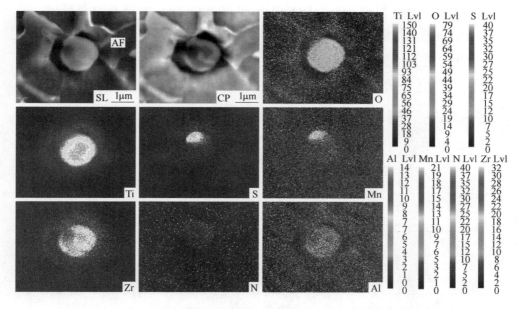

图 2-21 Ti-Zr 复合脱氧实验钢中夹杂物诱导针状铁素体形核及成分分布

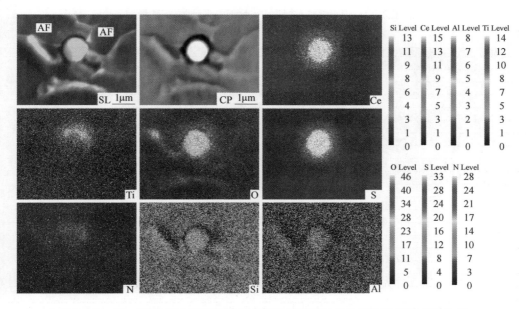

图 2-22 Ti-REM 复合脱氧实验钢中夹杂物诱导针状铁素体形核及成分分布

对夹杂物进一步 TEM 分析如图 2-23 和图 2-24 所示。图 2-23 中夹杂物由 3 部分组成。由图 2-23 中的各自的暗场像和电子衍射花样为 ZrO_2-

（TiO－TiN）－MnS 复相夹杂。TiO－TiN 和 MnS 以 ZrO$_2$ 为核心附着析出。镁脱氧钢中易形成镁铝尖晶石夹杂，如图 2－24b 所示。MnS 和 TiN 除了与氧化物附着析出外，还分别单独析出，或形成 MnS－TiN 夹杂物，如图 2－24c 所示。MnS－TiN 夹杂物也具有一定的诱导晶内铁素体形核的能力。

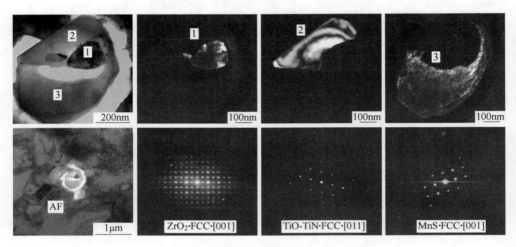

图 2－23　Ti－Zr 复合脱氧实验钢中夹杂物 TEM 形貌

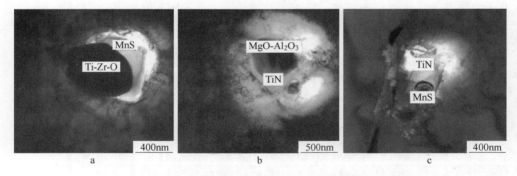

图 2－24　复合脱氧实验钢中夹杂物 TEM 形貌

　　根据上述实验结果，分析 Ti－M 复合脱氧钢中夹杂物演变过程如图 2－25 所示。加入钛后首先形成较大尺寸的 TiO$_x$ 粒子，并存在较高的平衡氧含量；加入强脱氧剂 M 后，生成尺寸细小的 MO$_y$ 或 Ti－M－O 复合氧化物，TiO$_x$ 粒子发生还原尺寸减小；M 加入量不多时，夹杂物中会保留部分 TiO$_x$ 相，并在凝固过程进一步析出；之后，MnS、TiN 也附着析出。

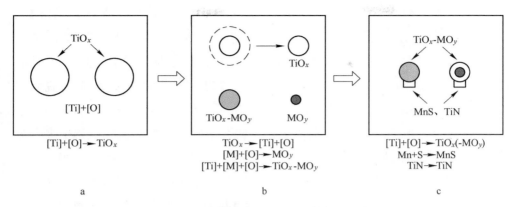

图 2 - 25　复合脱氧实验钢中夹杂物演变示意图

a—Ti 脱氧；b—M 强脱氧；c—凝固、热循环析出

2.4　MgO 系钢氧化物冶金工艺实验研究

根据上述对 Ti – M 复合脱氧钢的研究，强脱氧元素可细化氧化钛粒子尺寸，增加钢中微细氧化物数量，提高 HAZ 中晶内针状铁素体转变量，但原奥氏体晶粒尺寸没有显著细化。根据 Zener 公式，第二相粒子对晶界的钉扎阻力为 $F = 3f \cdot \gamma/2r$，晶粒长大的极限尺寸为 $R^* = 4r/3f$。第二相粒子体积分量越大，粒子半径越小，晶界钉扎作用越强。Ti – M 复合脱氧钢中，强脱氧元素和氧化钛之间存在竞争析出关系 $TiO_x + y[M] = M_yO_x + [Ti]$。为保证晶内铁素体形核能力，需使夹杂物中具有一定的 TiO_x 含量，所以需控制 M 元素的添加量避免大量生成 MO 粒子。因此，以 TiO_x 为主的 Ti – M – O 系钢中，夹杂物平均尺寸的细化程度有限，原奥氏体晶粒的粗化抑制效果不显著。在 100 ~ 200kJ/cm 线能量下，HAZ 在高温停留时间较短，微细夹杂物和部分未溶 TiN 可起到一定的钉扎作用，奥氏体还不会发生严重粗化；并且焊后冷速较快，有利于针状铁素体转变，抑制了粗大晶界铁素体和侧板条组织形成，HAZ 韧性得到改善。但对于 500kJ/cm 以上超大线能量，高温停留时间长，奥氏体晶粒将严重粗化；焊后冷速非常缓慢，晶界铁素体有足够的时间长大；特别是在低淬透性钢中，高温转变组织增加，晶内形核的铁素体尺寸也明显粗化，导致 HAZ 冲击韧性下降。在这种条件下需生成大量微细强脱氧元素氧化物或氧硫化物，才可起到显著的奥氏体晶粒细

化效果。新日铁开发的第 3 代氧化物冶金钢中采用纳米级或亚微米级钙、镁氧硫化物抑制奥氏体晶粒粗化，满足超大线能量焊接条件。镁的饱和蒸气压高，是极易挥发性元素，在钢中以气体的形态发生脱氧反应，生成的脱氧产物非常细小，有利于达到晶粒细化效果。本节对 MgO 系钢的脱氧工艺以及 HAZ 组织特征开展了研究，并分析了 MgO 系钢仍存在的不足之处。

首先，采用 Ti - Mg 复合脱氧工艺，研究不同镁含量对钛脱氧钢中夹杂物以及 HAZ 组织的影响规律。实验钢的基本成分为 0.08% C - 0.20% Si - 1.50% Mn，钛含量为 0.01% ~ 0.02%，镁含量分别为 0、0.001%、0.005%。模拟 HAZ 线能量为 100kJ/cm，峰值温度 1400℃，热模拟实验方法同上。另外，为对比各实验钢中原奥氏体晶粒粗化抑制效果，试样在不同大线能量 HAZ 峰值温度下水冷，热侵蚀后观察原奥氏体晶界形貌。

各实验钢的 HAZ 组织如图 2 - 26 所示。其中镁含量为 0、0.001% 钢分别相当于前述 TiO 系钢和 Ti - Mg - O 系钢，组织细化方式以针状铁素体转变为主，与 TiO 钢相比 0.001% Mg 钢中针状铁素体转变更充分，组织改善效果更佳。0.001% Mg 钢中原奥氏体晶粒尺寸虽然比 TiO 钢有所细化，但两者均显粗大，晶界钉扎作用不显著。而 0.005% Mg 钢的组织特征明显不同，其原奥氏体晶粒尺寸显著细化，形成晶界铁素体、针状铁素体以及部分板条束结构的混合组织，呈现第 3 代 MgO 钢的组织特征。关于三种实验钢的 HAZ 冲击韧性，其中 TiO 钢韧性最低，Ti - Mg - O 钢和 MgO 钢韧性相当。MgO 钢中虽然奥氏体晶粒得到细化，但奥氏体晶界面积增加导致晶界铁素体转变量增加，所生成的晶界铁素体为片层状，但其长大受原奥氏体晶粒尺寸的限制，与 TiO 钢相比尺寸明显减小。MgO 钢中侧板条铁素体和板条束结构与 Ti - Mg - O 钢相比有增加的趋势，其原因是一方面奥氏体晶粒尺寸的减小造成晶界形核位置的增加而不利于晶内针状铁素体转变，另一方面镁含量的增加使夹杂物中 TiO_x 所占比例和数量减少，晶内铁素体的形核率降低。因此，在 100kJ/cm 线能量下，在晶界转变产物的尺寸细化和转变量增加两方面作用下，MgO 钢的 HAZ 韧性得到改善但与 Ti - Mg - O 钢相比仍未进一步显著提高。

在 1400℃热循环峰值温度下分别停留 1s 和 10s 后水冷，TiO 钢和 MgO 的原奥氏体晶粒形貌如图 2 - 27 所示。1400℃停留 1s 和 10s 分别相当于线能量

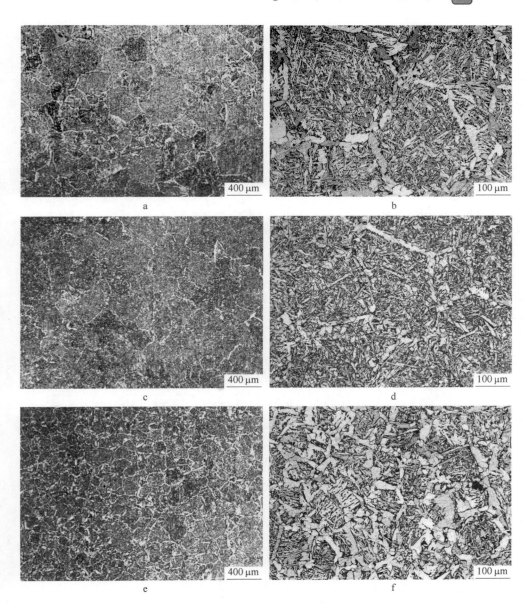

图 2 - 26　不同镁含量实验钢 HAZ 显微组织

a，b—$w_{(Mg)}$ = 0；c，d—$w_{(Mg)}$ = 0.001%；e，f—$w_{(Mg)}$ = 0.005%

100kJ/cm 和不小于 500kJ/cm 时的加热条件。由图 2 - 27 可见，TiO 钢原奥氏体晶粒严重粗化，加热 10s 时长大到 500μm。MgO 钢加热 1s 时平均奥氏体晶粒尺寸约 70μm，加热 10s 时仅长大至 120μm，表明了高镁含量对奥氏体晶界

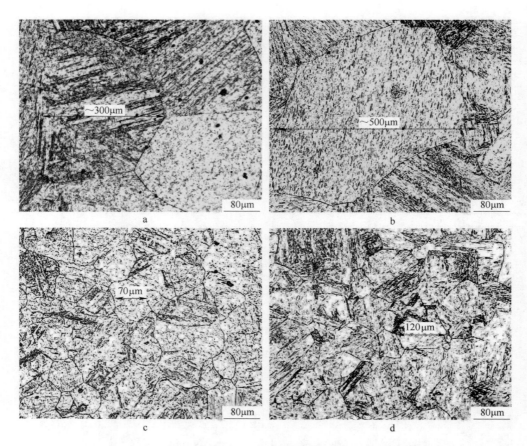

图 2 - 27   TiO 钢和 MgO 钢在 HAZ 峰值温度下水冷后的组织

（峰值温度停留时间：a, c: 1400℃ - 1s；b, d: 1400℃ - 10s）

a, b—TiO 钢；c, d—MgO 钢

的显著钉扎细化效果。MgO 钢对韧性改善的优势在于超大线能量焊接条件下，HAZ 转变组织基本和中等线能量时相当，韧性不发生显著恶化，而 TiO 钢和 Ti - M - O 钢在超大线能量时韧性的下降趋势明显。

两种镁含量实验钢中夹杂物形貌和成分组成如图 2 - 28 ~ 图 2 - 30 所示。0.001% Mg 钢中夹杂物为 TiO_x - MgO - MnS 复相夹杂。其中 Ti - Mg - O 复合氧化物作为基底，MnS 在外层附着析出。TiO_x - MgO - MnS 复相夹杂可有效促进针状铁素体形核，如图 2 - 28a 和图 2 - 29 所示。0.005% Mg 钢中夹杂物为亚微米级 MgO - TiN - MnS 复相夹杂，其中 MgO 作为基底，TiN 和 MnS 附着析出。由于镁加入量多，镁将 TiO_x 大部分还原，生成大量微细 MgO 粒子，产生显著的

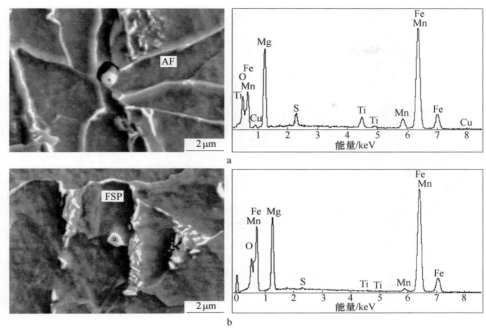

图 2 – 28 不同镁含量实验钢中夹杂物成分 EDS 分析

a—$w_{(Mg)} = 0.001\%$；b—$w_{(Mg)} = 0.005\%$

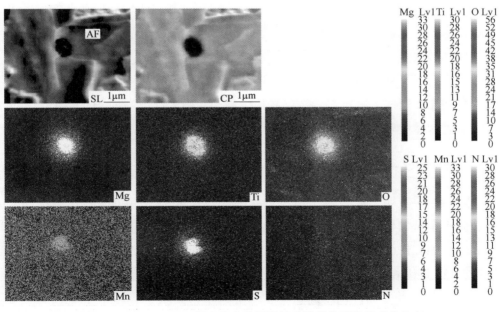

图 2 – 29 0.001% Mg 钢中夹杂物诱导针状铁素体形核及成分分布

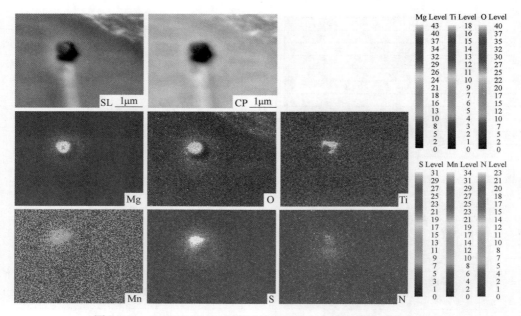

图 2-30　0.005% Mg 钢中位于晶界上的夹杂物形貌及成分分布

晶界钉扎效果。MgO 本身不具备诱导铁素体形核能力，但 MgO 与 TiN 具有共格界面，易于促进 TiN 析出（两者同属 FCC 晶型 B1(NaCl) 型结构，晶格常数分别为 0.421nm 和 0.424nm）。进一步形成的 MgO-TiN-MnS 复相夹杂物可促进铁素体形核。文献 [62] 中已表明 TiN-MnS 通过产生贫锰区促进铁素体形核，但这里其形核能力低于 TiO_x-MgO-MnS 夹杂。图 2-28b 所示夹杂物位于侧板条铁素体内，没有促进铁素体形核。图 2-30 中所示夹杂物位于晶界铁素体内，未促进铁素体形核，但起到了晶界钉扎作用。在中等线能量时 MgO-TiN 共同发挥晶界钉扎效果，超大线能量时 TiN 溶解，MgO 起到钉扎效果。

2.5　对 MgO 系钢的进一步改进和发展

实验结果表明，MgO 钢中通过细化原奥氏体晶粒以减小晶界片层状铁素体和侧板条铁素体的尺寸来改善韧性，但此类组织体积分数的增加抵消了奥氏体晶粒细化产生的改善效果，不利于韧性大幅提升。例如，新日铁高层建筑用 HTUFF 钢在 500kJ/cm 以上超大线能量下 HAZ 粗晶区 0℃ 冲击功约为 100J[63]，低温冲击韧性仍不理想。

本研究中对 MgO 钢性能进一步改善的思路是，在奥氏体晶粒钉扎细化的基础上，促进晶内针状铁素体转变，抑制片层状晶界铁素体和侧板条铁素体生成。MgO 钢中针状铁素体减少的主要原因之一是镁对 TiO_x 的大量还原生成不能直接促进铁素体形核的 MgO 粒子。因此，提高针状铁素体的转变量，一方面在保证所需的 MgO 粒子数量下增加 TiO_x 体积分数，另一方面促使 MgO 成为对晶内铁素体形核有效的粒子。

钛和过量镁复合脱氧时发生 TiO_x 的还原反应 $TiO_x + [Mg] \rightarrow MgO + [Ti]$。钛的一次脱氧产物易于长大上浮，并且 TiO_x 的化学稳定性较低，容易被镁还原，最终钢液中剩余的 TiO_x 体积分数减少。前面研究已知 Ti – M – O 系钢中微细含钛氧化物数量增加，并且夹杂物密度大时也有利于停留在钢液中。稀土元素的脱氧能力极强，与钛复合脱氧生成的 Ti – REM – O 复合氧化物或氧硫化物数量多、尺寸小、稳定性高，且稀土氧化物的密度很大，容易保留在钢液中。因此，本研究中采用的第 1 种工艺路线是，先进行 Ti – 稀土元素复合脱氧，钢液中获得大量 Ti – REM – O 复合氧化物；再进行镁终脱氧，保证生成足够数量的 MgO 粒子，起到奥氏体晶粒钉扎细化作用；同时剩余一定量的含钛氧化物在钢中，促进晶内铁素体形核，控制各元素的添加量以满足对不同氧化物分布的要求。

另外，MgO 不能诱导铁素体形核但极易促进 TiN 和 MnS 附着析出，（MgO –）TiN – MnS 夹杂物具有一定的铁素体形核能力；但在细化的奥氏体晶粒条件下，晶内铁素体转变动力学条件降低，仅通过 MgO – TiN – MnS 不能充分促进晶内铁素体组织形成。针对上述问题，考虑通过进一步引入微合金碳氮化物的复合析出，提高含 MgO 复相夹杂物的诱导铁素体形核能力。钢中常用微合金碳氮化物与铁素体基体的晶格错配度和取向关系如表 2 – 2 所示。其中，VN 与铁素体的错配度最低，可形成低界面能共格界面，诱导铁素体形核能力最强。人们对钒氮钢已进行了长期研究，利用 VN 析出强化和晶内铁素体细晶强化生产的高强度钢材已得到成熟应用。但对适于大线能量焊接的钒氮钢研究较少，尤其是结合第 3 代 MgO 钢的研究更少。单独的 VN 粒子促进铁素体形核时，为满足形核功要求需达到一定的临界尺寸，常规钒氮钢中通过提高合金添加量和适当的变形工艺促进 VN 在奥氏体中的析出。MgO 钢中存在丰富的 MgO – TiN – MnS 粒子，TiN 和 MnS 都是极易促进 VN 析出的相，可在较少的钒氮添加量下便很容易地实现 VN 或 V(C, N) 在 MgO – TiN – MnS 上的复合析出，并直接达到临界形核尺寸。这种复相夹杂物通过 MnS 析出产生贫锰区、TiN 和 VN 提供低能共格界面，铁素体的形核能力进一步提高，MgO 钢中晶内铁素体组织转变有望得到改善。因此，本研究的第 2 种工艺路线是，采用与 MgO 钢相同的脱氧工艺生成大量微细 MgO 粒子，同时进行钒微合金化；在 HAZ 峰值温度下利用 MgO 抑制奥氏体晶粒粗化，冷却过程中依次析出生成 MgO – TiN – MnS – VN – V(C, N) 复相夹杂，促进晶内铁素体组织转变。结合 VN 在奥氏体中的固溶度积公式 $\lg\{w_{[V]} \cdot w_{[N]} \cdot [N]\}_\gamma = 3.63 – 8700/T$，计算 VN 析出所需的合金添加量，并控制 Ti – V – N 元素的含量和比例以满足目标夹杂物的要求。

表 2 – 2　微合金碳氮化物与基体的晶格错配度和取向关系

析出物	奥氏体		铁素体	
	错配度/%	取向关系	错配度/%	取向关系
TiC	22	$[100]_\gamma // [100]_{TiC}$	7.6	$[110]_\alpha // [100]_{TiC}$
TiN	18	$[100]_\gamma // [100]_{TiN}$	4.7	$[110]_\alpha // [100]_{TiN}$
VC	16	$[100]_\gamma // [100]_{VC}$	3.2	$[110]_\alpha // [100]_{VC}$
VN	15	$[100]_\gamma // [100]_{VN}$	1.8	$[110]_\alpha // [100]_{VN}$
NbC	27	$[100]_\gamma // [100]_{NbC}$	10	$[110]_\alpha // [100]_{NbC}$
NbN	31	$[100]_\gamma // [100]_{NbN}$	16	$[110]_\alpha // [100]_{NbN}$

综合以上两种思路而形成的第 3 种工艺路线为，同时进行 Ti – REM – Mg 复合脱氧和钒微合金化，在钢中形成 TiO_x、REM(O, S)、MgO、TiN、MnS、V(C, N) 之间的复相夹杂，高温时通过 TiN、MgO 钉扎奥氏体晶粒，冷却过程中通过氧化物、硫化物、碳氮化物的复合析出促进晶内铁素体转变，HAZ 组织细化效果将进一步改善。

图 2 – 31 为 4 种冶炼工艺的实验钢 HAZ 显微组织，模拟线能量为 500kJ/cm，峰值温度 1400℃，停留时间 10s，$t_{8/5}$ 为 450s。其中 MgO 钢脱氧工艺与上节 MgO 钢相同，采用钛 – 过量镁复合脱氧；Ti – REM – Mg 钢、MgO – V 钢、Ti – REM – Mg – V 钢分别对应本节中第 1、第 2、第 3 种工艺。由图 2 – 31 可见，4 种实验钢中原奥氏体晶粒都较细，平均尺寸在 100 ~ 200μm。MgO 钢中晶界铁素体和侧板条铁素体的体积分数较高，针状铁素体形核能力不足。图 2 – 32a 所示为 MgO 钢中的惰性夹杂物，成分以 $MgO \cdot Al_2O_3$ 为主。Ti – REM – Mg 钢中针状铁素体形核能力增强，侧板条结构减少，图 2 – 32b 所示促进针状铁素体形核的夹杂物为 Ti – Ce – Mg – O 复相夹杂。MgO – V 钢中晶内铁素体转变量与 MgO 钢相比明显增加，其夹杂物和析出物 TEM 形貌如图 2 – 33 所示。图 2 – 33a 中

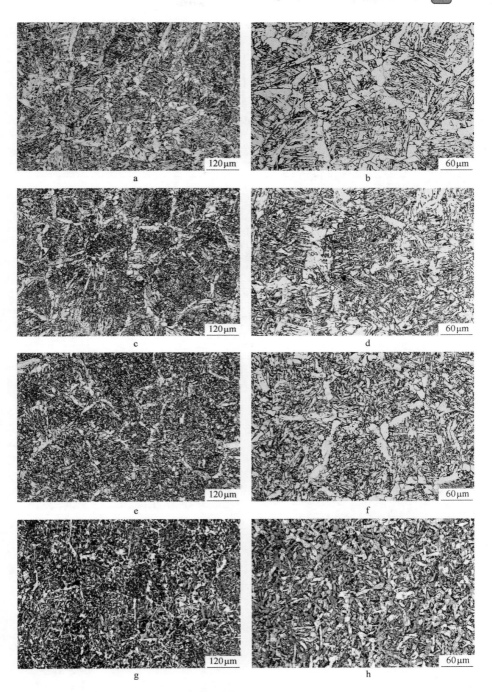

图 2-31　各脱氧工艺实验钢 HAZ 金相组织

a，b—MgO 钢；c，d—Ti – REM – Mg 钢；e，f—MgO – V 钢；g，h—Ti – REM – Mg – V 钢

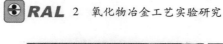

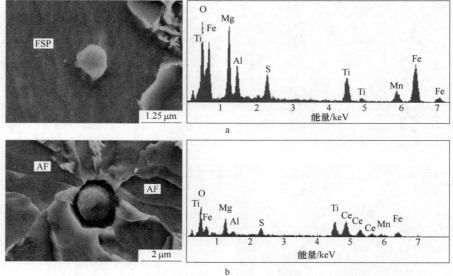

图 2 - 32　MgO 钢和 Ti - REM - Mg 钢中夹杂物成分 EDS 分析

a—MgO 钢；b—Ti - REM - Mg 钢

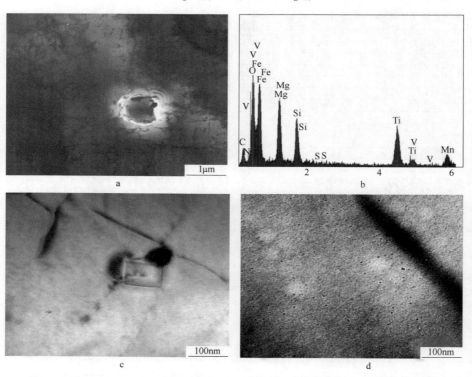

图 2 - 33　MgO - V 钢 HAZ 组织 TEM 形貌及夹杂物成分 EDS 分析

夹杂物包括氧、镁、钛、钒、氮、碳元素，图 2-33c 为（Ti，V）（C，N）复合析出物，图 2-33d 还示出基体中纳米碳氮化物析出。Ti-REM-Mg-V 钢的 HAZ 组织细化效果最佳，侧板条铁素体基本消失，晶内全部生成针状或细粒状铁素体组织，粗大晶界片层状铁素体显著减少，整体组织细化均匀，500kJ/cm 线能量下 -20℃冲击韧性达到 200J 以上，与 MgO 钢相比大幅改善。Ti-REM-Mg-V 钢中典型夹杂物诱导晶内铁素体形核的形貌如图 2-34 所示。根据其成分分布可推测其为 Ti-Ce-Mg 的氧化物或氧硫化物、Ti-V 的氮化物或碳氮化物、以及 MnS 硫化物构成的复相夹杂。

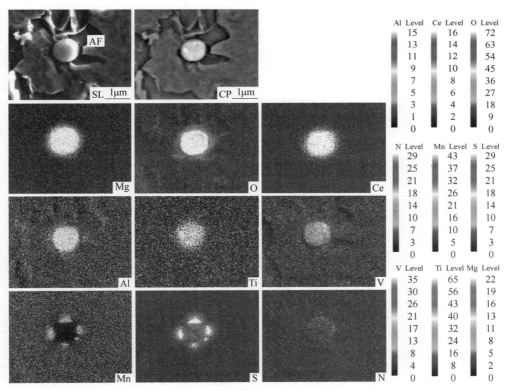

图 2-34　Ti-REM-Mg-V 实验钢中夹杂物诱导铁素体形核及成分分布

此外，锆的氧化物与稀土元素类似，具有尺寸小、密度大的特点。钙的脱氧性质与镁相同，生成微细氧硫化物起到钉扎晶界效果。因此，基于上述第 1 种工艺路线，对 Ti-Zr/REM→Mg/Ca 的各种脱氧方案进行了实验研究，得到良好的组织细化效果。工艺中，调整脱氧前合理氧位，Ti-M 脱氧可增加并细化一次脱氧产物，降低了镁/钙加入环境中氧浓度，并且一次脱氧产物还原分解作为终脱氧反应中氧的平稳供给源，利于脱氧产物的细化，最终获得用于钉扎晶界和铁素体形核的两类氧化物在钢中微细弥散分布。

3 粗晶热影响区组织演变规律及其机理

大线能量焊接条件下，常规钢生成粗大晶界铁素体和侧板条铁素体而导致韧性恶化；氧化物冶金钢中由于夹杂物诱导针状铁素体相变，HAZ 组织显著细化，韧性得到改善。本章通过常规钢和氧化物冶金钢对比分析，对大线能量焊接粗晶热影响区的组织转变规律及其机理进行了研究。

3.1 实验材料和方法

选用两种不同脱氧工艺实验钢对比分析，基本成分为 0.10% C – 0.20% Si – 1.55% Mn，其中 C – Mn 钢采用常规铝脱氧（ ~0.02% Al），Ti – Zr 钢采用 Ti – Zr 复合脱氧（ ~0.02%（Ti + Zr））。钢锭经热轧成 12mm 厚钢板，以轧态钢板为原料加工制取相变仪实验试样。

采用 Formastor – FII 型全自动相变仪进行连续冷却和等温处理实验，试样形状为长 10mm、直径 3mm 圆柱，试样一端加工凹槽焊接热电偶。实验工艺和参数如图 3 – 1 所示，为模拟粗晶奥氏体，试样在 1300℃ 加热 1min。焊接热影响区连续冷却转变（SH – CCT）实验中（图 3 – 1a），先以 10℃/s 冷却至 900℃，再按 0.15 ~ 80℃/s 不同冷速冷至室温。奥氏体等温转变实验中（图 3 – 1b），以 80℃/s 冷却至 700 ~ 450℃ 后等温不同时间，之后以 80℃/s 冷至室温，采用高精度高速膨胀仪记录试样轴向膨胀量。试样经机械研磨抛光，用 4% 硝酸酒精侵蚀显示微观组织，观察各工艺下光学显微组织及扫描电镜组织。个别试样采用 9% 高氯酸酒精溶液双喷电解减薄制取薄膜试样，观察透射电镜组织。

另外，为考察 CGHAZ 热循环过程中的组织转变，设计了分段冷却实验，如图 3 – 2 所示。峰值温度 1350℃停留 10s，冷却过程模拟 150kJ/cm 线能量时的冷速，$t_{8/5}$ 为 150s。试样冷却至不同温度时浇水急冷，观察各试样显微组织。

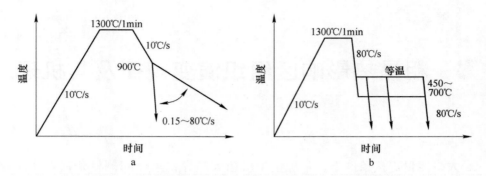

图 3 – 1 奥氏体连续冷却转变和等温转变实验工艺示意图

a—连续冷却转变实验；b—等温转变实验

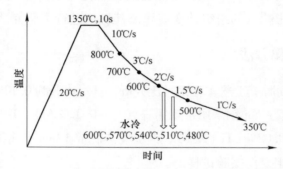

图 3 – 2 CGHAZ 热循环分段冷却实验工艺示意图

3.2 粗晶奥氏体连续冷却转变行为

结合膨胀量法和金相组织表征绘制的实验钢 SH – CCT 曲线如图 3 – 3 所示。其中，实线根据膨胀量曲线的明显转折点绘成，虚线是根据金相组织分析作的推测。对应的显微组织如图 3 – 4 ~ 图 3 – 6 所示。

在所有实验冷速下，C – Mn 钢均以自晶界发展的板条束组织为主，而 Ti – Zr 钢均以晶内针状组织为主。C – Mn 钢在 0.15 ~ 2.8℃/s 冷速范围内，相变产物以晶界铁素体（GBF）和魏氏组织（WF）为主，WF 自 GBF 向晶内长大几乎贯穿整个奥氏体晶粒，WF 板条间的残余奥氏体分解为珠光体（P）；在 5.5 ~ 40℃/s 冷速范围内生成上贝氏体组织（B），冷速 40℃/s 以上时生成板条马氏体（M），贝氏体和马氏体板条束尺寸均严重粗化。

Ti – Zr 钢在各实验冷速下转变组织与 C – Mn 钢明显不同。在 0.15 ~ 2.8℃/s 冷速范围内生成晶界铁素体和晶内针状铁素体（AF），并且晶界铁素体多呈多边形状，在低冷速时还生成少量晶内多边形铁素体（IPF），冷速增加时 GBF 转变量减少，AF 尺寸也细化。这一冷速范围内，残余奥氏体分解为珠光体，如图 3-7 和图 3-8 所示，并观察到 AF 内部具有较高的位错密度，表明其切变型转变特点。5.5~20℃/s 冷速范围内，针状铁素体的细化程度明显增加，与低冷速时 AF 板条缠结互锁的形态相比，这一范围内随冷速增加 AF 的针状形态更明显，AF 板条趋于按某几个特定的取向相互交叉排列，并且晶内贝氏体束的转变量也逐渐增加。此冷速下残余奥氏体分解为粒状和薄膜状 MA 组元分布在板条界。在 40~80℃/s 冷速时生成针状铁素体、贝氏体和马氏体的混合组织，冷却过程中较高温度时首先生成具有不同空间取向的 AF 板条，将原奥氏体晶粒分割成多个局部小区域，贝氏体和马氏体板条束在晶内形核，其长大被限制在局部空间内，板条束尺寸和整体组织显著细化。

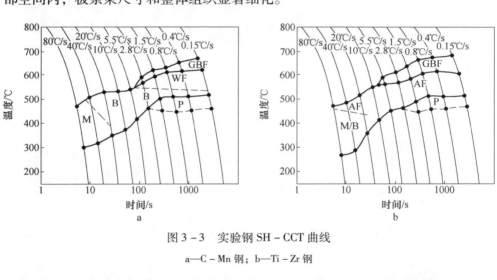

图 3-3 实验钢 SH-CCT 曲线

a—C-Mn 钢；b—Ti-Zr 钢

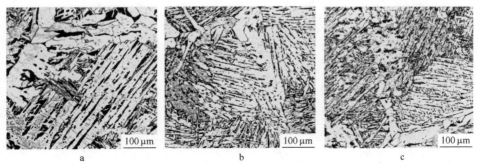

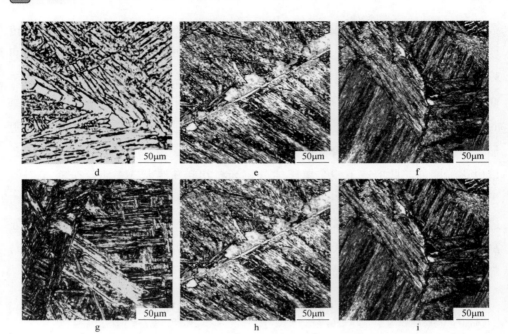

图3-4 C-Mn钢不同冷速下的光学显微组织

a—0.15℃/s; b—0.4℃/s; c—0.8℃/s; d—1.5℃/s; e—5.5℃/s;

f—10℃/s; g—20℃/s; h—40℃/s; i—80℃/s

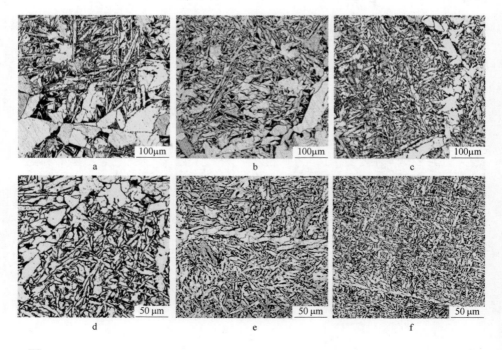

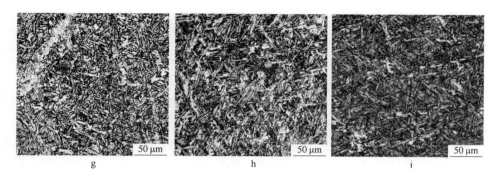

图 3 - 5　Ti - Zr 钢不同冷速下的光学显微组织

a—0.15℃/s；b—0.4℃/s；c—0.8℃/s；d—1.5℃/s；e—5.5℃/s；

f—10℃/s；g—20℃/s；h—40℃/s；i—80℃/s

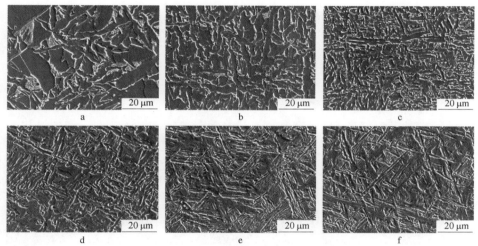

图 3 - 6　Ti - Zr 钢不同冷速下的 SEM 组织

a—0.4℃/s；b—1.5℃/s；c—10℃/s；d—20℃/s；e—40℃/s；f—80℃/s

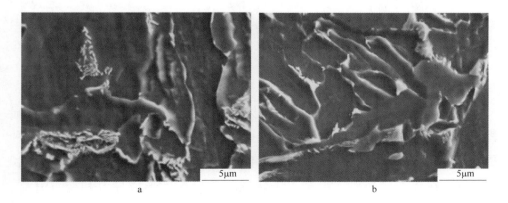

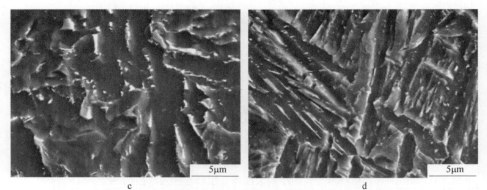

图 3 – 7　Ti – Zr 钢不同冷速下的 SEM 组织中第二相形态

a—1.5℃/s；b—5.5℃/s；c—10℃/s；d—40℃/s

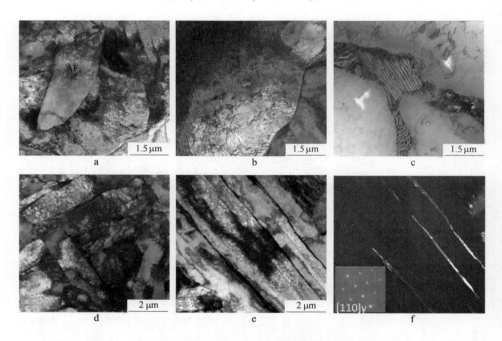

图 3 – 8　Ti – Zr 钢不同冷速下的 TEM 组织中第二相形态

a，b，c—1.5℃/s；d，e—10℃/s；f—e 图的暗场像

　　以上结果表明，Ti – Zr 脱氧钢的奥氏体连续冷却转变中晶内相变被显著促进，相变产物大为细化。针状铁素体转变机制与贝氏体相同，是一种晶内形核的贝氏体组织，而通常的贝氏体是由晶界形核，呈束状向晶内长大。特别在较高冷速时，由于夹杂物周围贫锰区的形成导致相变点升高，

针状铁素体先于贝氏体生成并分割了奥氏体晶粒，冷至更低温度时发生贝氏体或马氏体转变，但其长大空间显著减小。而 C – Mn 钢中由于没有晶内形核，所以贝氏体或马氏体板条束的长大几乎贯穿整个奥氏体晶粒，形成粗大组织结构。

3.3 晶内铁素体等温转变行为

3.3.1 实验结果

C – Mn 钢的等温转变组织如图 3 – 9 所示。600℃等温 180s 时仅形成仿晶铁素体，极少发生晶内铁素体形核。550℃等温时得到魏氏组织和少量晶内铁

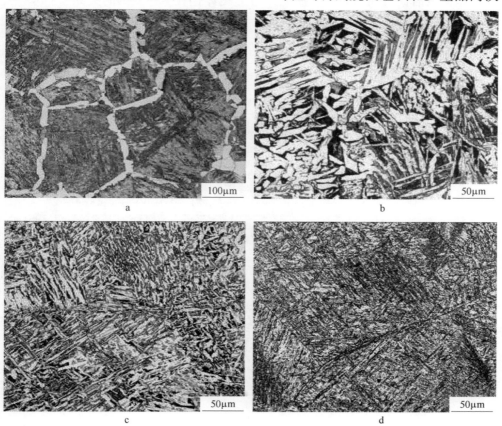

图 3 – 9 C – Mn 钢在不同温度等温 180s 后水冷的光学显微组织

a—600℃；b—550℃；c—500℃；d—460℃

素体板条。500℃和460℃等温时分别形成粒状贝氏体和上贝氏体为主的组织，板条束尺寸较为粗大。C-Mn 钢中氧化物类型为 Al_2O_3，不具备铁素体形核能力，而文献［64］指出 $Al_2O_3 \cdot MnS$ 可促进铁素体形核，但由于其数量和形核能力有限，不能对组织转变类型起到决定性影响。

Ti-Zr 钢在700℃和650℃等温180s冷却后的组织如图3-10所示。两者等温过程未发生相变，冷却过程转变开始温度分别为480℃和460℃（计算马氏体点为432℃），均得到晶界魏氏组织、针状铁素体、贝氏体和马氏体的混合组织。上述各相转变温度依次降低。图3-10中同一奥氏体晶粒内形成的针状铁素体板条的长轴方向并非任意选取，而是存在几个特殊取向，是由于铁素体板条沿惯习面 {111}$_γ$ 长大并与奥氏体存在 K-S 位向关系[65~67]。一个夹杂物能同时形核多个铁素体板条，呈现放射状形态。针状铁素体分割了奥氏体基体，随后的贝氏体和马氏体转变被限制在针状铁素体板条之间，大大细化了板条束尺寸。

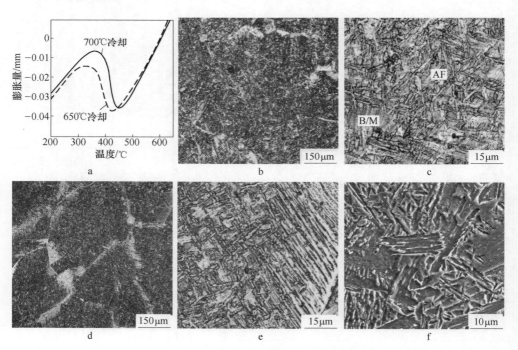

图3-10 Ti-Zr 钢在不同温度等温180s后冷却膨胀曲线和转变组织

（b，c：700℃等温；d~f：650℃等温）

a—冷却膨胀曲线；b~e—光学金相；f—SEM组织

　　Ti – Zr 钢在 600℃ 等温不同时间的转变组织及膨胀量曲线如图 3 – 11 所示。等温 10s 时，发现在奥氏体三叉晶界或晶隅处特别是同时存在夹杂物时，已经发生极个别铁素体形核，但在约 50s 后才检测到膨胀量增加。在此后的等温过程中，奥氏体晶界上持续进行多边形铁素体的形核长大，随可利用未相变奥氏体晶界面积的减少，铁素体形核便转移至晶内的非金属夹杂物表面，此时促进形核的夹杂物具有较大的尺寸，一个夹杂物一般只形核一个多边形铁素体晶粒。晶内多边形铁素体与奥氏体母相之间不存在位向关系[65]。图 3 – 12所示为单独 MnS 粒子和 ZrO_2 – MnS 复相夹杂物都可促进晶内多边形铁素体形核，夹杂物尺寸在 2 ~ 3μm。不同位置上铁素体非均质形核的激活能能垒按以下顺序降低：小尺寸夹杂物、大尺寸夹杂物、晶界、晶隅或含有夹杂物的晶界。夹杂物表面异质形核与均匀形核相比大大降低形核功，并且夹杂物尺寸越大形核功降低越多，而夹杂物尺寸大于 1μm 时形核功下降趋于平缓，但奥氏体晶界上形核功降低最为显著[68]。因此不同位置和夹杂物尺寸表现出不同的形核顺序和孕育期。600℃时，由于化学驱动力较低，只有大尺寸

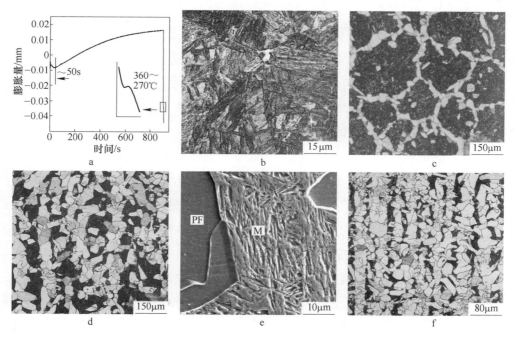

图 3 – 11　Ti – Zr 钢在 600℃ 和 575℃ 等温膨胀曲线及等温不同时间转变组织

a—600℃ 等温膨胀曲线；b ~ e—600℃ 等温 10s，180s，900s，900s；f—575℃ 等温 600s

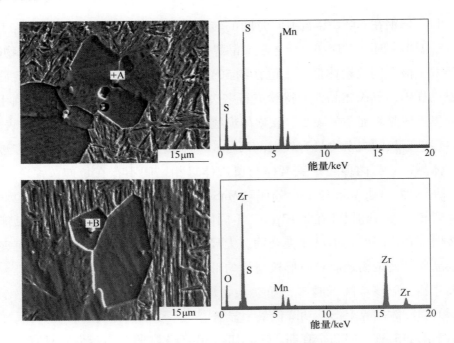

图 3 – 12　Ti – Zr 钢在 600℃等温 180s 形成的晶内多边形铁素体及夹杂物 EDS 分析

夹杂物有利于促进形核。但钢中 2μm 以上大尺寸夹杂物数量少，所以晶内多边形铁素体形核率较低。晶内相变只能依靠已形核铁素体的长大或铁素体/奥氏体界面上二次形核的方式推进，转变速率较慢，直到等温 900s 时，仍剩余部分奥氏体并在冷却时转变为马氏体。图 3 – 11 中 575℃的等温转变组织和 600℃相同，仍处于扩散型相变区间。

Ti – Zr 钢在 550℃等温转变组织及膨胀量曲线如图 3 – 13 所示。等温 80s 时发生大部分转变，180s 时已经转变完全，较短的转变时间说明主要按切变型方式进行。550℃完全转变组织包括：少量尺寸较小的多边形铁素体、尺寸粗大的针状铁素体、边界不规则的块状铁素体（MF）或称准多边形铁素体（QPF）、少量珠光体。其中少量多边形铁素体在等温初期在原奥氏体晶界上形核长大，但随后晶内针状铁素体和块状铁素体快速大量形成，晶界多边形铁素体长大受到限制。针状铁素体在夹杂物表面形核或在初生板条上感应形核，按贝氏体型切变方式长大。而准多边形铁素体按块状相变机制长大，只需原子在新旧相界间迁移，转变动力学受相界扩散控制[69]。块状相变在 CCT 曲线中的位置正好与贝氏体转变相当，具有较大的转变速度，两种转变可能同时发生。但根据针状铁素体的三维形貌[70]，其空间形状为板条或薄板状，当薄板平行于试样表面时，也可能会观察到块状的形貌。在等温约 80s 之后转变速度显著减缓，并将发生珠光体转变，直至 180s 时基本转变完全，珠光体体积分数约占 17.5%。在 550℃ 等温初期，晶界和晶内多边形铁素体仍然在大尺寸夹杂物上优先形核。单一针状铁素体板条在尺寸大于 1μm 的夹杂物上形核，其数量相对较低，并且长大距离较长，相互之间随机交叉排布。

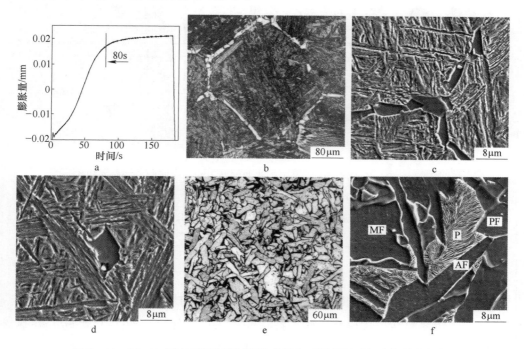

图 3 - 13　Ti - Zr 钢在 550℃ 等温膨胀曲线和不同等温时间冷却转变组织

（b，c，d：等温 10s；e，f：等温 180s）

a—等温膨胀曲线；b，e—光学金相；c，d，f—SEM 组织

　　Ti - Zr 钢 500℃ 等温转变组织如图 3 - 14 所示，主要为针状铁素体、部分（准）多边形铁素体和粒状贝氏体，以及少量珠光体和退化珠光体（DP），与 550℃ 相比组织类型更加复杂，尺寸进一步细化。其中退化珠光体对于珠光体而言转变温度较低，渗碳体失去片层状结构而呈颗粒状，在形貌上与粒状贝氏体有一定相似性。等温初期仍在局部奥氏体晶界和晶内大尺寸夹杂物上发生铁素体形核，之后的转变在奥氏体晶内进行。最初在夹杂物上形核的针状

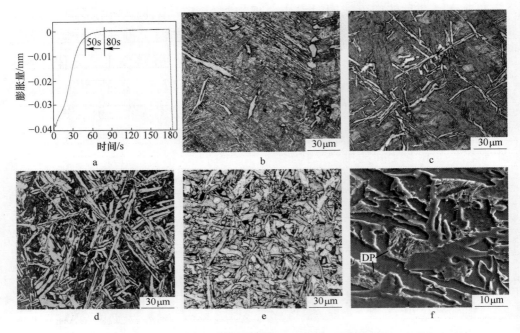

图 3 – 14　Ti – Zr 钢在 500℃ 等温膨胀曲线及不同等温时间冷却转变组织

（b：等温 4s；c：等温 8s；d：等温 30s；e，f：等温 180s）

a—等温膨胀曲线；b～e—光学金相；f—SEM 组织

铁素体，具有较大的长宽比和明显的板条状特征。夹杂物诱导形核达到一定数量后，针状铁素体的自发感应形核则成为主要转变方式，并加快了转变进程[71]。铁素体板条长大相互碰触后形成交错互锁的形态，板条间隔区间的部分奥氏体转变为准多边形铁素体、粒状或板条贝氏体[72]。贝氏体型转变在热力学条件达到终点时，残留奥氏体在长时间的等温过程中分解为珠光体组织。500℃ 等温条件下由于化学驱动力的增加，利于形核的夹杂物尺寸范围扩大，在一个夹杂物上可形核一个或多个铁素体板条，晶内相变的形核率增加，转变组织的互锁形貌更明显，尺寸更加细化。图 3 – 15 所示为等温 8s 时一个夹杂物同时促进两个晶内铁素体板条形核的形貌。根据成分分析可知夹杂物类型为 ZrO_2 – TiO_x – MnS 型复相夹杂。

　　Ti – Zr 钢 460℃ 等温基本全部形成晶内转变组织，但与 500℃ 时组织呈现明显区别，如图 3 – 16 所示。单一的针状铁素体板条数量相对减少，主要结构为细化的平行的晶内铁素体板条束或称为晶内贝氏体板条束。由于转变温

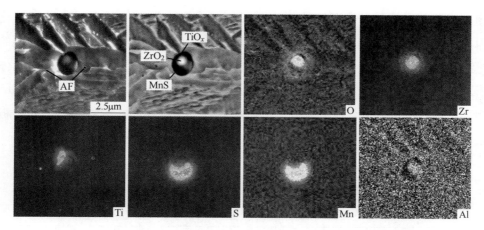

图 3 – 15　Ti – Zr 钢在 500℃等温 8s 时夹杂物促进晶内铁素体形核

EPMA 形貌和成分分析

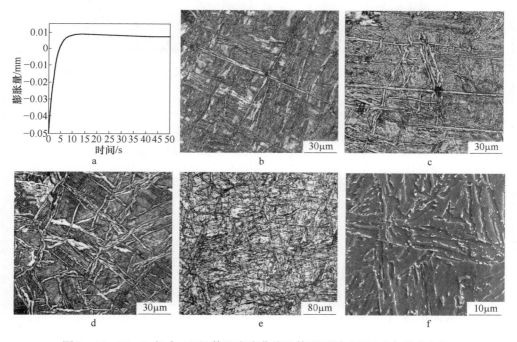

图 3 – 16　Ti – Zr 钢在 460℃等温膨胀曲线及等温不同时间后冷却转变组织

（b：等温 2s；c：等温 3s；d：等温 4s；e，f：等温 180s）

a—等温膨胀曲线；b ~ e—光学金相；f—SEM 组织

度降低，化学驱动力增加，一个夹杂物可促进更多个铁素体板条形核，并且小尺寸夹杂物也被激活，晶界形核的贡献已经很小。二次板条在初始板条的侧面或端部形核，自发形核的作用更加明显。晶内贝氏体具有更高的自催化因数，与晶界形核贝氏体相比形核率更高[71]。实验过程中也发现，Ti – Zr 钢的等温转变时间比 C – Mn 钢更短，转变速率更快。这一温度下，未转变的奥氏体形成微细的 MA 岛，分布在板条界。图 3 – 17 所示为 460℃时 ZrO_2 – TiO_x – MnS 型夹杂物同时诱导多个铁素体板条形核的形貌，并且在同一形核方向上几个板条并列生成。

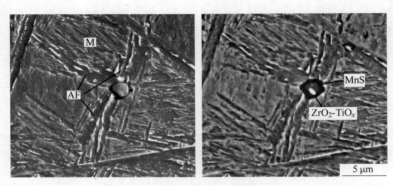

图 3 – 17　Ti – Zr 钢在 460℃时夹杂物促进晶内铁素体形核 EPMA 形貌

3.3.2　分析与讨论

上述结果表明：随相变温度降低，晶内铁素体形貌由多边形变为针状或板条状，针状铁素体的形状比（长/宽）也随温度降低而增加。这一变化被认为与铁素体和奥氏体母相的取向关系的变化有关：即奥氏体母相与多边形铁素体无取向关系，与针状铁素体存在 K – S 取向关系，这也由各自的相变机制所决定。另外，随温度降低，针状铁素体的形态也由交叉互锁结构变为板条束结构，这一现象与二次板条的自发感应形核方式有关。文献［73］认为，针状铁素体板条的生成会产生一个不变平面应变的形状变形以及在周围奥氏体中产生应力场。在应力场作用下，在一次铁素体板条尖端形核的板条属于同一变体，而在侧面形核的板条属于不同的变体，两者分别形成束状结构和互锁结构。这种二次形核位置的选择由界面前沿奥氏体中的碳浓度所决定，与相变温度有关。

等温过程中奥氏体不能完全按切变机制转变为贝氏体，而必然有一部分残留，在更长时间的等温中以扩散机制转变为珠光体，此现象文献［74］中称为

"incomplete reaction phenomenon"。贝氏体的等温转变热力学分析如图3-18所示。图中 T_0 线表示不同碳浓度的同成分铁素体和奥氏体的自由能相等时的温度，T_0 线左侧区域能够发生奥氏体至贝氏体的切变，右侧区域只能发生扩散型分解，或者说只有温度低于 T_0 时才能发生贝氏体相变，T_0 对应着贝氏体开始点 B_s。在 B_s 点以下等温，初始形成的贝氏体板条具有过饱和碳浓度，碳随即扩散至周围的奥氏体中，随后的贝氏体板条在较高碳浓度的奥氏体中形成并继续向剩余奥氏体排碳，当奥氏体中的碳

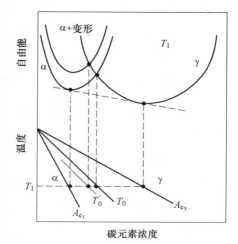

图3-18 奥氏体到铁素体的切变型转变热力学分析示意图

浓度不断富集向右移动至 T_0 线时，奥氏体的切变驱动力为零，切变反应就会停止，而不能达到奥氏体平衡浓度 A_{e3} 线，所以贝氏体等温转变具有不完全性。而剩余的奥氏体在随后的等温过程中将以扩散方式转变为珠光体。但贝氏体相变将产生应变能，使铁素体自由能增加，因此在实际分析中以 T'_0 线代替 T_0 线。

针状铁素体的转变机制与贝氏体相同，只是贝氏体在奥氏体晶界形核并呈束状向晶内长大，而针状铁素体在晶内形核长大，其等温转变也具有不完全性[73]。而块状相变的热力学条件与其相似，在 T_0 温度以下发生转变，新旧相成分相同，碳元素也可随后排向周围的奥氏体，因此这里块状铁素体和针状铁素体也可适用于图3-18的分析。文献［73］计算得在550℃等温时奥氏体中的碳含量富集至0.45%时，奥氏体与贝氏体具有相同的自由能。本实验用钢中基本成分与其相似，在550℃等温时当奥氏体中碳含量达到约0.45%时，切变就会停止，剩余的奥氏体将转变为珠光体。可根据 $x_\gamma = \bar{x} + [v(\bar{x} - s)/(1 - v)]$ 计算珠光体体积分数。其中，x_γ 为剩余奥氏体中碳含量，即0.45%；$\bar{x}$ 为基体的平均碳含量，即0.1%；v 和（$1 - v$）分别为已转变铁素体体积分数和剩余奥氏体体积分数；s 为550℃铁素体中碳含量，按0.02%计算。计算得切变型转变停止时奥氏体体积即转变成的珠光体体积分数为18.6%，与测量结果相符。

Ti – Zr 实验钢中促进针状铁素体形核的夹杂物为 $ZrO_2 - TiO_x$ 和 MnS 或 TiN 构成的复相夹杂，同时还观察到少量 $ZrO_2 - MnS$ 夹杂也能促进多边形铁素体形核。关于夹杂物诱导铁素体形核的机理已经有大量研究，对不同的夹杂物类型提出了不同的形核机理，但每种机理都有其特殊性和局限性。文献[75] 总结并分析了 4 种最可能的形核机理：夹杂物作为异质形核惰性基底；夹杂物周围元素贫乏区；晶格匹配而降低形核功；热膨胀系数差异导致的基体应变能。其中异质形核的观点虽然能够解释夹杂物尺寸对形核能力的影响，但不同类型夹杂物形核能力的差别说明该机理有较大的局限性，但它仍可以与其他机理相结合来阐明形核现象。对于夹杂物和基体热膨胀系数差异而导致的应变能，相关计算结果[76]表明其与铁素体形核功相比很小，不足以成为主要驱动因素。如按照热形变能观点分析，ZrO_2 形核能力为中等水平，而 MnS 则不可能促进形核[77]，实验钢中 ZrO_2 颗粒往往被一定厚度的 MnS 壳层覆盖，降低了通过热形变而促进形核的可能性。

对于贫锰区机理和晶格错配度机理，不断有研究表明其合理性。在贫锰区机理方面，对 Ti_2O_3 等钛氧化物的研究最多，并形成两种关于贫锰区形成的观点，一种是 MnS 在氧化钛上复合析出而造成周围锰浓度降低，另一种观点是阳离子（Ti^{3+}）空位型氧化钛能吸收周围锰元素而形成贫锰区。实验钢中 ZrO_2 – TiO_x – MnS 夹杂通过贫锰区的形成具备显著的形核能力，另外，MnS 在 ZrO_2 核心复合析出也产生了一定的形核效果。ZrO_2 是一种阴离子（O^{2-}）空位型结构[78]，不能通过大量吸收锰原子而形成贫锰区。但硫原子可置换 ZrO_2 表面氧原子，并且 ZrO_2 内的硫杂质易于向表面富集[79]，这些因素可能有利于促进 MnS 的析出。文献[80] 计算表明 MnS 和 ZrO_2 晶体具有较好的共格关系，可以用以解释 ZrO_2 对 MnS 析出的促进作用。MnS 的析出造成夹杂物周围基体中锰浓度的降低，奥氏体的热力学稳定性降低，促进了铁素体形核析出。然而，贫锰区的直接检测比较困难，对贫锰区的形成过程和检测分析需进一步研究。

界面共格机制可作为贫锰机制的补充，进一步提高夹杂物的形核能力。B1 晶型的夹杂物如 TiO、TiN，可与铁素体建立 Baker – Nutting 位向关系从而降低界面能[81]。实验钢中 $ZrO_2 \cdot TiO_x$ – $MnS \cdot TiN$ 复相夹杂可通过形成贫锰区而增加相变驱动力，通过 TiN 与铁素体的共格关系降低界面能阻力，从而进一步降低形核功促进晶内铁素体转变。由于界面能的大小与夹杂物尺寸有关，单独的细小 TiN 不能提供足够的界面，难以促进铁素体形核。

3.4 CGHAZ 热循环过程组织演变分析

C – Mn 钢 CGHAZ 热循环过程中冷却至不同温度后水冷得到的组织如图 3 – 19 和图 3 – 20 所示。冷却至 600℃时基本所有奥氏体晶界已生成铁素体，晶界铁素体形状以仿晶片层状为主，少量呈多边形状。600℃时铁素体片层宽度已接近最大值，在后续转变过程中没有继续粗化。晶界铁素体生成之后向奥氏体基体中分配碳元素，界面前碳的富集也会抑制铁素体的长大。冷却至 570℃时，从晶界铁素体生成的侧板条铁素体向晶内长大贯穿整个晶粒。600 ~ 570℃温度区间内，奥氏体的转变量超过 50%，基本结构形貌此时也已经形成，板条间残余的奥氏体冷却后转变为马氏体。继续冷却至 480℃时残余奥氏体部分分解为珠光体，350℃时已全部分解为珠光体和少量 MA 组元。

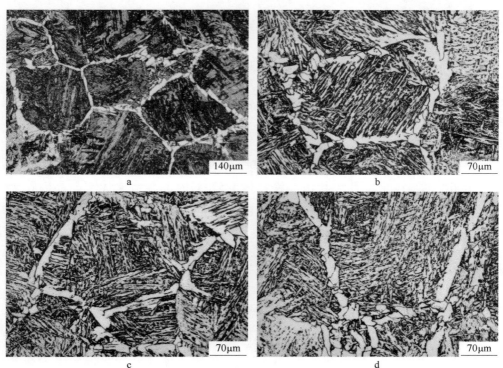

图 3 – 19　C – Mn 钢 CGHAZ 热循环过程不同温度急冷的光学显微组织

a—600℃；b—570℃；c—540℃；d—350℃

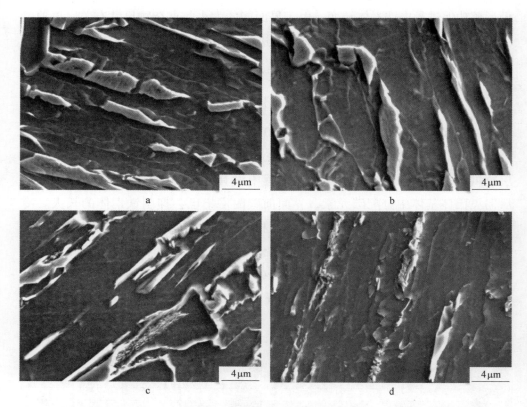

图 3-20 C-Mn 钢 CGHAZ 热循环过程中不同温度急冷的 SEM 组织
a—570℃；b—510℃；c—480℃；d—350℃

Ti-Zr 钢 CGHAZ 热循环过程中分段冷却组织如图 3-21 和图 3-22 所示。600℃时也生成了片层状仿晶铁素体，570℃时晶界铁素体有向晶内长大生成侧板条铁素体的趋势，如图 3-21b 中箭头所示。但由于 570℃时晶内针状铁素体的大量形核，侧板条铁素体的形成受到抑制。此温度下夹杂物诱导针状铁素体形核的形貌如图 3-23 所示，可见 ZrO_2-TiO_x-MnS 夹杂促进多个铁素体板条形核。冷却至 540℃时，晶内铁素体的形核和长大已经完成，形成了交错互锁的结构形态，之后的冷却过程涉及残余奥氏体的分解转变。由图 3-22 可知，510℃时，针状铁素体板条间仍存在大量残余奥氏体，冷却后转变为马氏体。直到冷却至 480℃时，残余奥氏体才开始缓慢分解为珠光体。至 350℃时，全部残余奥氏体分解为珠光体或退化珠光体，形成了 CGHAZ 最终组织。

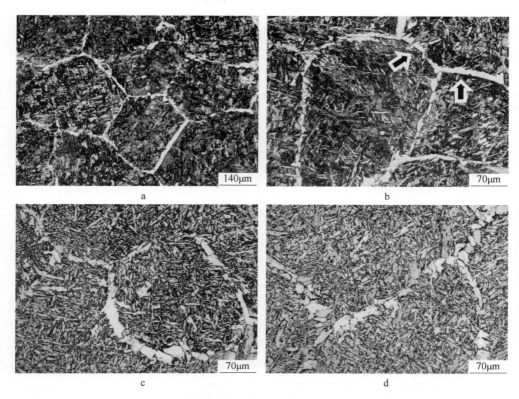

图 3 - 21　Ti - Zr 钢 CGHAZ 热循环过程不同温度急冷的光学显微组织

a—600℃；b—570℃；c—540℃；d—350℃

此热循环参数下生成的 CGHAZ 组织与连续冷却转变实验中 1.5℃/s 冷速下得到的组织类型一致，表明所建立的 SH - CCT 曲线基本上可准确反映实验钢大线能量焊接热影响区粗晶区的组织转变行为。本实验中 C - Mn 钢和 Ti - Zr 钢的对比分析只反映了在相同基体成分下不同晶内夹杂物的影响效果。此外，

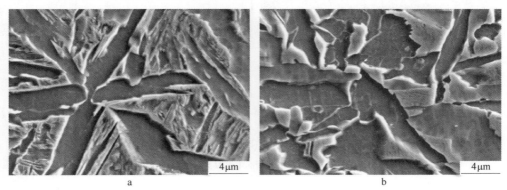

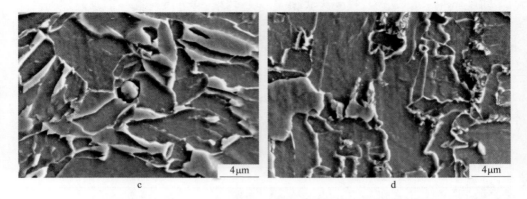

图 3 – 22　Ti – Zr 钢 CGHAZ 热循环过程中不同温度急冷的 SEM 组织

a—570℃；b—510℃；c—480℃；d—350℃

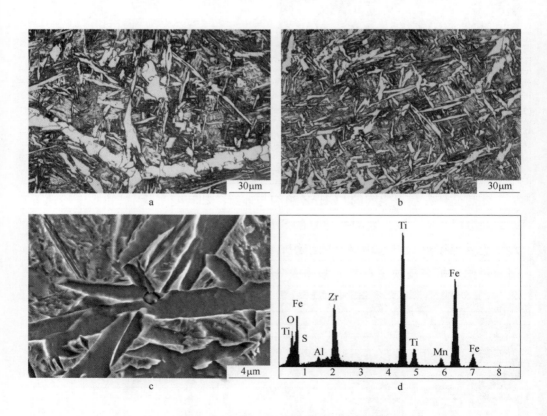

图 3 – 23　Ti – Zr 钢 570℃急冷的显微组织和夹杂物能谱

a，b—光学显微组织；c—SEM 组织；d—夹杂物能谱

合金元素对奥氏体连续冷却和等温转变以及 CGHAZ 组织转变行为具有重要的影响。例如实验钢中生成的层状晶界铁素体尺寸较大，不利于韧性改善，通过增加锰、铬、钼、镍等提高淬透性元素，特别是抑制晶界铁素体形核的铌、硼元素对 CGHAZ 组织转变将产生重要影响。下一章将对部分合金元素对大线能量 HAZ 组织和性能的影响规律进行分析。另外，Ti – Zr 实验钢仍属于 TiO 系钢，奥氏体晶粒尺寸未显著细化，奥氏体尺寸对连续冷却转变行为的影响规律没有体现，对 MgO 系钢及其钒微合金化钢的组织演变规律需进一步分析。

3.5 锰对夹杂物诱导铁素体形核的作用分析

在夹杂物诱导晶内铁素体形核的几种机制中，本研究中认为贫锰区机制对 TiO(Ti – M – O) 系钢的铁素体形核起决定性作用。Ti – Zr 钢中促进铁素体形核的典型夹杂物类型为 $ZrO_2 – TiO_x – MnS$，它能够通过 Ti_2O_3 阳离子空位型氧化物吸收周围的锰元素形成贫锰区，并且 MnS 复合析出也利于贫锰区形成。可见，无论哪种贫锰区形成方式，钢中都必须存在一定量的锰元素。为验证 Ti – Zr 钢中锰对夹杂物诱导铁素体形核的作用，设计了特殊成分的实验钢，其中不添加锰而添加 2.8% 的镍（只有原料中残留锰）。2.8% 的镍对奥氏体稳定性的影响与 1.6% 的锰相当，即在不考虑夹杂物的影响下，两者具有类似的转变温度和相变产物。含镍钢仍采用 Ti – Zr 复合脱氧获得与前述 Ti – Zr 钢中相同类型的氧化物，实验钢的化学成分为 0.10% C – 0.20% Si – 0.03% Mn – 2.8% Ni – 0.02% (Ti + Zr)。钢板热轧后进行了 CGHAZ 热模拟实验，线能量 100kJ/cm。

所得镍钢的 CGHAZ 显微组织如图 3 – 24 所示，和常规钢类似得到粗大侧板条组织，而未形成针状铁素体。图 3 – 25 所示为镍钢中夹杂物，未起到铁素体形核作用。夹杂物组成为 $ZrO_2 – TiO_x$，边缘有微量硫的偏析，没有锰的富集，并且未吸收周围镍元素。可见，即使采用氧化物冶金处理得到相同的脱氧产物，但在缺少锰元素的情况下，这种夹杂物也没有诱导铁素体形核的能力。这说明了锰元素在晶内铁素体转变过程中的重要作用，也表明贫锰区机制是 Ti – Zr 实验钢中夹杂物诱导形核的关键机制。

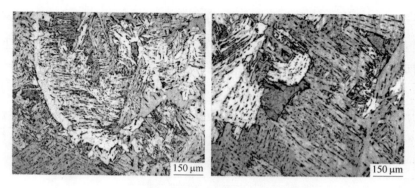

图 3 – 24 镍钢模拟 CGHAZ 光学显微组织

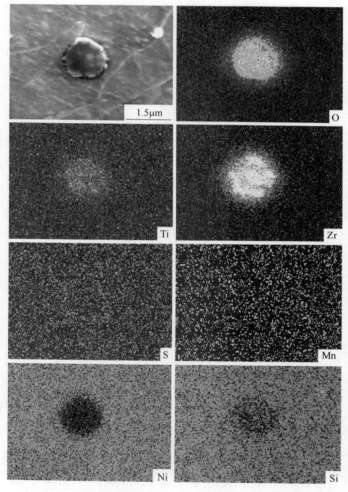

图 3 – 25 镍钢模拟 CGHAZ 中夹杂物成分 EPMA 分析

为分析锰元素含量变化对铁素体转变行为的影响，采用 Thermo – Calc 热力学软件计算了不同锰含量下的铁素体相变开始温度和相变驱动力，如图3 – 26 所示。锰含量的增加使奥氏体→铁素体转变温度降低，因此晶界铁素体的转变受到抑制。贫锰区的形成将导致夹杂物周围锰浓度的下降，从而促进晶内铁素体形核温度的提高。另外，铁素体相变驱动力，即相变吉布斯自由能，随着锰含量的下降而升高，促进了晶内针状铁素体的形核。并且，随着相变温度的降低，奥氏体向铁素体的相变驱动力也显著增加。

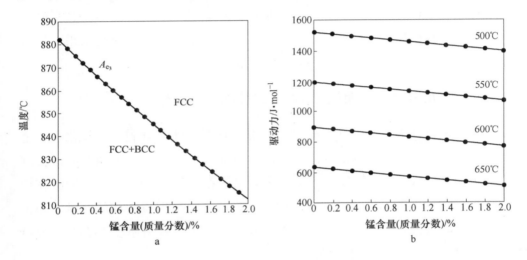

图3 – 26　锰含量对铁素体转变温度和相变驱动力的影响

a—铁素体转变温度；b—铁素体相变驱动力

4 大线能量焊接用钢实验研究与工业开发

本章首先分析了钢中常用合金元素对 HAZ 组织和韧性的影响，为品种钢的合理成分设计提供参考。通过成分优化，本章进一步制备出不同级别的可大线能量焊接原型钢，分析了其组织性能特征。结合实验室研究结果，进行了工业化生产技术开发，试制产品性能良好。

4.1 合金元素对大线能量 HAZ 组织性能影响规律

实验钢以低碳锰钢为基本成分，采用钛或 Ti – M 复合脱氧的氧化物冶金处理，冶炼实验设备和方法与前文相同。钢锭 1200℃ 加热后采用两阶段控制轧制工艺热轧成 12~20mm 厚钢板，终轧温度在 850~950℃。轧后钢板在线水冷至 500~600℃ 后空冷至室温。检测钢板的室温横向拉伸和低温纵向冲击性能，同时进行焊接热模拟实验，线能量 200kJ/cm，峰值温度 1400℃，分析各实验钢 HAZ 组织和冲击韧性。

4.1.1 碳、锰元素的影响

TMCP 技术的应用可显著提高钢的综合强韧性能，与传统钢相比碳含量和碳当量明显降低。一般低合金高强钢中碳含量可降至 0.1% 以下，并且在一些先进钢成分设计中采用低碳高锰的设计路线来降低碳的不利影响，充分利用锰对性能的改善作用。如新日铁的 New HTUFF 钢采用高锰低碳的路线来改善 TiO 系钢的 HAZ 组织，神户制钢的多位向贝氏体钢采用极低碳设计实现大线能量焊接性能。本节实验中设计了三种 C – Mn 成分的含铌钢，各实验钢化学成分以及 TMCP 工艺下力学性能和 200kJ/cm 模拟 HAZ 冲击韧性如表 4 – 1 和表 4 – 2 所示。各实验钢轧态组织和 HAZ 组织如图 4 – 1 和图 4 – 2 所示。其中，Mn – 1 钢中 C – Mn 含量为低合金钢中最常见成分，碳当量为三者中最低，Mn – 2 钢和 Mn – 3 钢的 C – Mn 含量分别与新日铁和神户制钢成分类似，但其成品钢中还含有镍等其他合金元素。

表 4 – 1　Mn – 1 ~ Mn – 3 实验钢的化学成分（质量分数, %）

实验钢	C	Mn	Si	Nb	Ti + M	Ceq
Mn – 1	0.08	1.55	0.10	0.01	0.02	0.338
Mn – 2	0.05	1.90	0.10	0.01	0.02	0.367
Mn – 3	0.02	2.20	0.10	0.01	0.02	0.387

注：$Ceq = C + Mn/6 + (Cr + Mo + V)/5 + (Ni + Cu)/15$

表 4 – 2　Mn – 1 ~ Mn – 3 实验钢的力学性能

实验钢	屈服强度 R_{eL}/MPa	抗拉强度 R_m/MPa	基体冲击韧性（ – 40℃ ） KV_2/J	HAZ 冲击韧性（ – 20℃ ） KV_2/J
Mn – 1	427	528	283, 288, 277	218, 208, 225
Mn – 2	421	541	338, 346, 250	262, 296, 290
Mn – 3	385	535	354, 359, 345	98, 53, 80

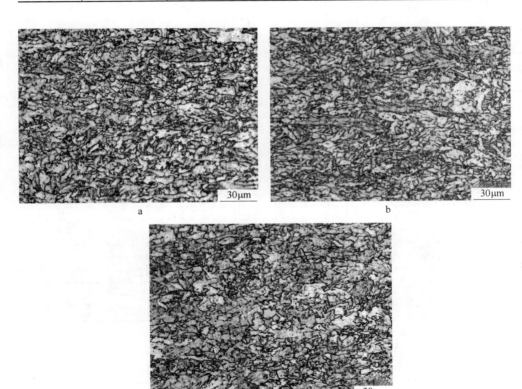

图 4 – 1　Mn – 1 ~ Mn – 3 实验钢轧态光学显微组织

a—Mn – 1 钢；b—Mn – 2 钢；c—Mn – 3 钢

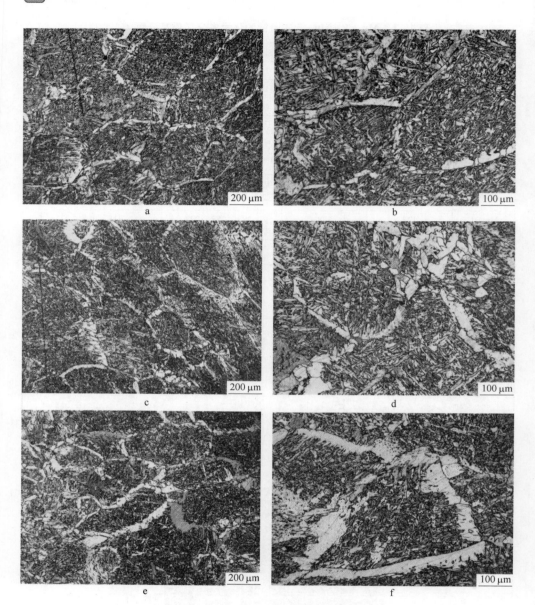

图 4 - 2   Mn - 1 ~ Mn - 3 实验钢 HAZ 光学显微组织

a，b—Mn - 1 钢；c，d—Mn - 2 钢；e，f—Mn - 3 钢

上述结果表明 Mn - 2 钢的基体力学性能和 HAZ 韧性最佳。Mn - 1 钢和 Mn - 2 钢的强度相当，轧态组织包括针状铁素体和准多边形铁素体，如图 4 - 1 所示。而 Mn - 3 钢轧态组织以多边形和准多边形铁素体为主，形成温

度应较高，且晶粒尺寸略为粗化，屈服强度降低，但抗拉强度仍较高，软硬相的共存降低了屈强比，Mn-3 钢轧态冲击韧性为三者中最高。可见，虽然 Mn-3 钢碳当量最高，但由于极低碳含量促进了高温组织转变，淬透性反而降低。同样，Mn-3 钢的 HAZ 组织中生成晶界铁素体的含量和尺寸也最大，如图 4-2 所示，导致韧性显著降低。Mn-2 钢 HAZ 组织与 Mn-1 钢相比并未细化，甚至其晶界铁素体含量还略有增加，但韧性却明显提高。其主要原因为，碳含量的降低导致碳化物、MA 岛的减少，降低了对韧性的损害。降低碳含量造成的强度和淬透性下降通过增加锰来改善。但在极低碳含量下，仅通过增加锰还难以有效抑制高温转变组织形成，需进一步配合添加其他合金元素共同达到同时促进针状铁素体组织转变和减少硬脆相含量的目标。

4.1.2 铌、钒元素的影响

为充分发挥控轧控冷的细晶效果，低合金高强钢中铌含量通常达到 0.02%~0.03%，高级别管线钢等高强钢中达到 0.06% 以上。铌是促进贝氏体型相变的元素，同时又是强烈的析出强化型元素，过量添加时无论固溶铌还是析出物都必然对大线能量 HAZ 性能产生不利影响。钒在钢中的作用主要是碳氮化物析出强化，固溶钒可提高淬透性，碳氮化物析出有利于提供晶内铁素体形核共格界面，在几方面对 HAZ 性能产生影响。本节设计的不同铌、钒含量实验钢成分和 TMCP 工艺下力学性能以及 200kJ/cm 模拟 HAZ 冲击韧性如表 4-3 和表 4-4 所示。各工艺下显微组织如图 4-3 和图 4-4 所示。

表 4-3　含铌、钒实验钢的合金成分（质量分数,%）

实验钢	C	Mn	Si	Nb	V	Ti + M
Nb-1	0.08	1.60	0.20	0.011		0.02
Nb-2	0.08	1.60	0.20	0.025		0.02
Nb-3	0.08	1.60	0.20	0.032		0.02
V-1	0.08	1.60	0.20		0.01	0.02
V-2	0.08	1.60	0.20		0.05	0.02
V-3	0.08	1.60	0.20		0.10	0.02

表 4-4 含铌、钒实验钢的力学性能

实验钢	屈服强度 R_{eL}/MPa	抗拉强度 R_m/MPa	基体冲击韧性（-40℃） KV_2/J	HAZ 冲击韧性（-20℃） KV_2/J
Nb-1	465	557	280，273，270	233，215，210
Nb-2	533	615	221，210，215	120，118，132
Nb-3	565	648	188，171，180	34，41，29
V-1	365	469	328，315，325	220，212，233
V-2	439	545	285，311，293	216，228，240
V-3	494	605	265，280，261	87，150，115

　　铌含量由 0.011% 增加至 0.032%，轧态基体强度明显提高，冲击韧性降低，HAZ 冲击韧性显著下降。图 4-3 中轧态组织表明，三种铌含量下原奥氏体晶粒均显著变形，即使 0.011% Nb 时也能充分发挥未再结晶区控轧的细晶效果。但冷却转变组织中 Nb-1 钢中低铌含量下生成较多的先析多边形铁素体，晶粒尺寸略为粗大。Nb-2 钢和 Nb-3 钢中先析铁素体晶粒尺寸减小，粒状和板条状贝氏体含量增加，特别是 Nb-3 钢中板条贝氏体含量显著增加。在原奥氏体晶粒形状相同的情况下，铌含量增加导致基体淬透性升高，贝氏体转变量增加，基体强度升高韧性下降。

　　与轧态组织变化规律类似，HAZ 中随铌含量增加，贝氏体（包括 MA 岛）含量增多，韧性急剧恶化。Nb-1 钢中低铌含量下，HAZ 组织仍以针状铁素体为主，少量贝氏体未对韧性产生明显影响。铌元素提高淬透性的机理一般认为铌在晶界处偏聚，由于晶界拖曳作用抑制铁素体的长大，从这一方面讲有利于抑制 HAZ 晶界铁素体粗化而改善韧性。因此，在较低的铌含量下仍能获得较佳的 HAZ 韧性。但是发现 Nb-3 钢中高铌含量下尽管贝氏体结构增加，但晶界铁素体的生成并没有受到抑制，反而有所粗化。分析其原因为，大线能量 HAZ 冷却缓慢，高铌含量下晶界偏聚的铌容易析出，造成碳的贫乏带，促进了高温下奥氏体晶界上铁素体的形核和长大。另外，贫锰区机制通过降低局部淬透性促进铁素体形核，固溶铌在夹杂物界面偏聚时降低了这一效果。并且由于铌的碳氮化物与铁素体的错配度大，例如 TiN、VN、NbN、NbC 与铁素体的错配度分别为 0.047、0.018、0.16、0.10，因此 Nb(C，N) 在 $TiO_x-MnS-TiN$ 夹杂物表面上析出将降低夹杂物诱导铁素体形核的能力。上述对针状铁素体转变的影响也将导致 HAZ 中贝氏体含量增加。

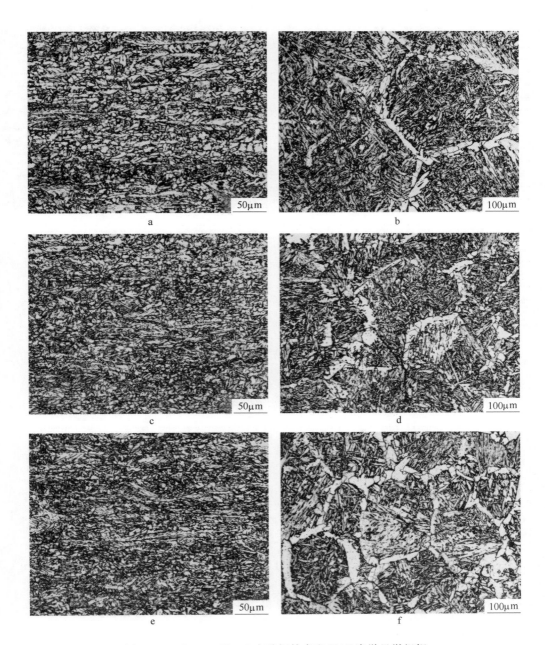

图 4 – 3   Nb – 1 ~ Nb – 3 实验钢轧态和 HAZ 光学显微组织

（a，c，e：轧态组织；b，d，f：HAZ 组织）

a，b—Nb – 1 钢；c，d—Nb – 2 钢；e，f—Nb – 3 钢

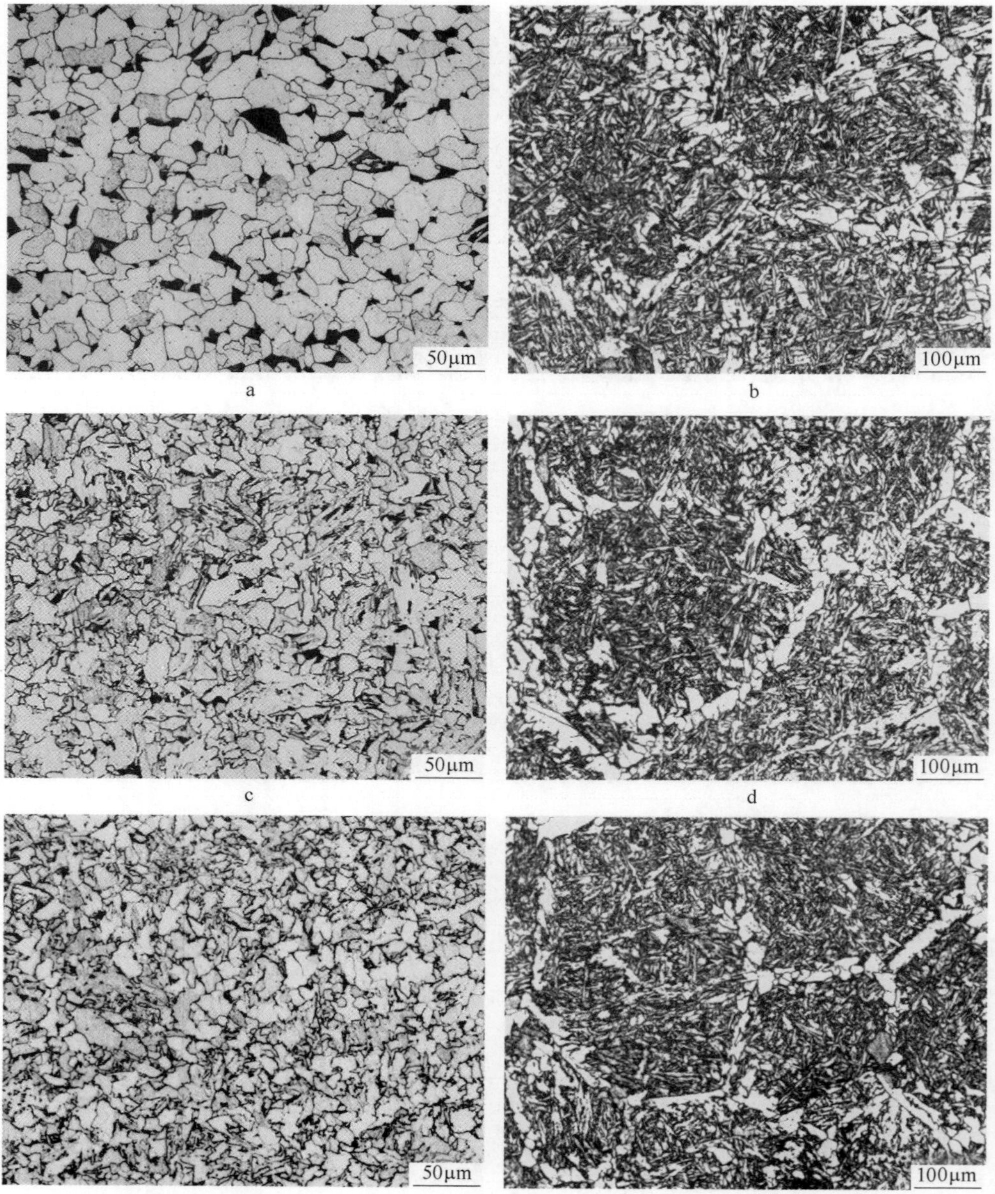

图 4-4　V-1～V-3 实验钢轧态和 HAZ 光学显微组织

（a，c，e：轧态组织；b，d，f：HAZ 组织）

a，b—V-1 钢；c，d—V-2 钢；e，f—V-3 钢

不同钒含量实验钢轧态和 HAZ 组织如图 4 - 4 所示。由图可见各钒含量下两阶段控制轧制均未产生奥氏体未再结晶区变形的效果，钒对奥氏体的再结晶抑制作用很弱。但随钒含量增加，得到的铁素体晶粒尺寸变细，这是由于固溶钒的增加提高基体淬透性以及 V（C，N）析出促进晶内铁素体相变并可阻止铁素体晶粒粗化的结果。在晶粒细化和析出强化作用下，钢板强度升高而韧性未显著下降。3 种含钒钢的 HAZ 组织均为针状铁素体主导组织，钒含量的增加并未引起微米尺度上形貌的不利变化，相反有抑制晶界片层铁素体和侧板条铁素体形成、促进针状铁素体转变的趋势。钒与夹杂物的复合析出还有利于提高夹杂物诱导铁素体形核能力。因此，V - 2 钢比 V - 1 钢强度明显提高，但具有和 V - 1 钢同样优良的 HAZ 韧性。V - 3 钢的 HAZ 组织类型相同，但冲击韧性却明显下降，这是由于钒的增加导致大量纳米碳氮化物析出的结果。图 4 - 5 所示 V - 3 钢 HAZ 中纳米析出物的形貌，图 4 - 5b 中甚至出现相间析出的趋势，过量的析出硬化导致 HAZ 韧性下降。

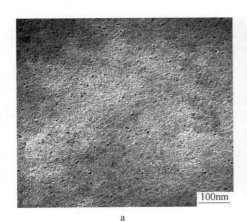 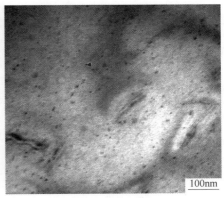

a   b

图 4 - 5 V - 3 实验钢 HAZ 组织 TEM 形貌

a—视场 1 TEM 形貌；b—视场 2 TEM 形貌

4.1.3 镍、铜、铬、钼元素的影响

镍、铜是船舶海工用钢中常用合金元素，可提高钢材的耐蚀性能，并在提高基体强度的同时不损害韧性，并且能改善热影响区和焊缝性能，是高强度大线能量焊接用钢中常用元素。铬、钼能大幅提高钢材淬透性，是一些厚

规格高强钢或调质钢中必要合金元素，特别是应用于耐候、耐火建筑用钢中实现特殊性能要求，因此是开发大线能量焊接建筑用钢中需要考察的元素。本节实验钢以 TiO 系低碳钢为基本成分，分别设计不同的镍、铜、铬、钼含量，考察对 200kJ/cm 模拟 HAZ 组织和韧性的影响。各实验钢合金成分和 HAZ 冲击韧性见表 4-5。采用两阶段控制轧制和控制冷却工艺，各实验钢轧态组织和 HAZ 显微组织见图 4-6 和图 4-7。

各实验钢均得到粒状贝氏体和板条贝氏体为主的轧态组织，基体强度得到大幅提高。含镍钢和含铜钢 HAZ 中针状铁素体仍大量形成，保持了较高的冲击韧性，表明了镍和铜对强度和韧性综合改善效果。含铬钢中晶界铁素体并未受到抑制，而且侧板条铁素体和贝氏体结构明显增加，导致 HAZ 韧性下降。含钼钢的淬透性显著提高，晶界铁素体完全消失，生成针状铁素体和贝氏体的微细组织，但较高的钼含量导致 MA 岛体积分数增加，严重损害韧性，因此这时需进一步降低碳含量实现高强钢的大线能量焊接。

表 4-5 含镍、铜、铬、钼实验钢化学成分和 HAZ 冲击韧性

实验钢	化学成分（质量分数）/%								HAZ 冲击韧性
	C	Mn	Si	Ti	Ni	Cu	Cr	Mo	（-20℃）KV_2/J
含镍钢	0.08	1.60	0.20	0.01	0.2~0.5				100~200
含铜钢	0.08	1.60	0.20	0.01		0.2~0.5			100~200
含铬钢	0.08	1.60	0.20	0.01			0.2~0.5		50~100
含钼钢	0.08	1.60	0.20	0.01				0.2~0.5	50~100

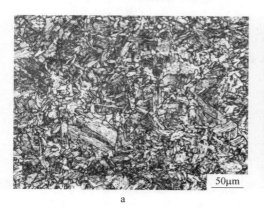

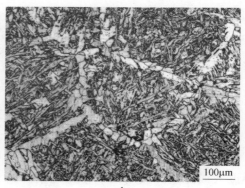

a   b

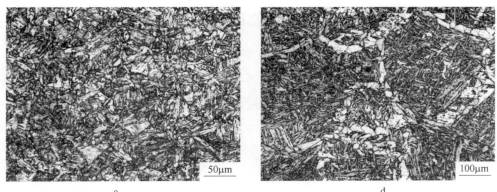

图 4-6　含镍、铜实验钢轧态和 HAZ 光学显微组织

(a，c：轧态组织；b，d：HAZ 组织)

a，b—含镍钢；c，d—含铜钢

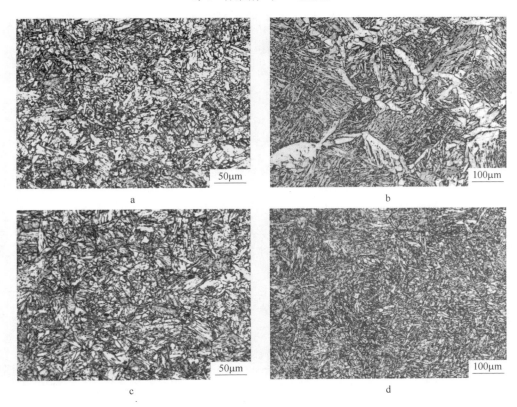

图 4-7　含铬、钼实验钢轧态和 HAZ 光学显微组织

(a，c：轧态组织；b，d：HAZ 组织)

a，b—含铬钢；c，d—含钼钢

4.2 基于氧化物冶金工艺的大线能量焊接原型钢研究

根据合金元素对大线能量 HAZ 组织和性能的影响规律，针对不同级别的品种钢进行成分优化设计。基于前文的冶炼实验研究，在实验条件下进行了基于氧化物冶金工艺的可大线能量焊接原型钢的研制，分析了各实验钢的基体性能和大线能量焊接性能。

4.2.1 可大线能量焊接 Q355 级钢

Q355 级钢板广泛应用于建筑、桥梁、船舶和压力容器等领域，具有良好的强韧性综合性能，其本身具有较好的焊接性，但常规工艺下仍不能进行大线能量焊接。Q355 钢板可采用热轧或正火工艺生产，一般碳含量较高。本实验钢成分采用比常规钢较低的碳和较高的锰，不添加或少量添加铌元素，或适量添加钒、硼对大线能量焊接性能有利的元素提高基体强度。实验钢的化学成分范围如表 4-6 所示，其中，Q1 实验钢采用常规铝脱氧工艺作为对比，Q2 钢采用 Ti-M 复合氧化物冶金工艺处理，Q3 钢在氧化物冶金基础上添加适量硼元素，Q4 钢进行强脱氧元素氧化物冶金处理并进行钒微合金化。

表 4-6   Q355 级实验钢的化学成分范围（质量分数,%）

实验钢	C	Si	Mn	Al, Ti, Mg, Ca, Zr, Ce, B, V
Q1, Q2, Q3, Q4	0.05~0.10	0.15~0.25	1.50~1.70	一种或多种添加

实验钢均采用两阶段控制轧制和控制冷却工艺，轧态钢板典型显微组织和拉伸应力应变曲线如图 4-8 所示。进行了各钢板 HAZ 热模拟实验，线能量和实验参数如表 4-7 所示，实验过程中记录的试样温度变化曲线如图 4-9 所示。

表 4-7   HAZ 热模拟实验参数

线能量/kJ·cm^{-1}	20	50	100	200	400	800
1400℃停留时间/s	1	1.5	2	3	5	20
$t_{8/5}$/s	15	54	137	215	352	719

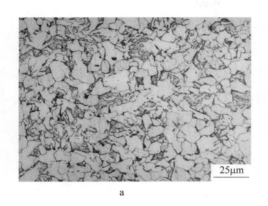
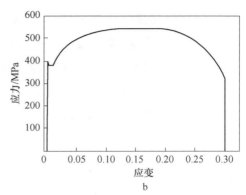

图 4 – 8　Q355 实验钢轧态显微组织及拉伸曲线

a—轧态金相组织；b—拉伸曲线

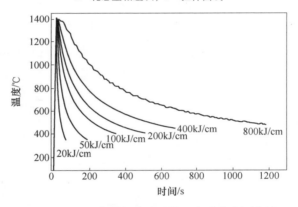

图 4 – 9　HAZ 热模拟实验试样温度变化实测曲线

各实验钢的 HAZ 冲击韧性如图 4 – 10 所示。线能量 20kJ/cm 时各实验钢均具有较好的 HAZ 韧性；50kJ/cm 以上时，Q1 钢韧性显著恶化，氧化物冶金 Q2 ~ Q4 钢在 100 ~ 200kJ/cm 线能量时具有最佳韧性，其中 Q4 钢最优，Q3 钢优于 Q2 钢；线能量 200kJ/cm 以上，Q2、Q3 钢韧性损失较大，并且两者的冲击功趋于一致，Q4 钢韧性也出现下降趋势，但至 800kJ/cm 仍保持优良的水平。结合图 4 – 11 中 HAZ 显微组织分析，Q1 钢在 20kJ/cm 时虽然没有形成晶内组织，但小线能量下高温停留时间短，冷速快，原奥氏体晶粒粗化不严重，并且实验钢采用低碳当量成分，所以形成的较细化的低碳贝氏体组织仍具有较好的韧性。Q2 ~ Q4 钢均形成微细的针状铁素体和晶内贝氏体的混合组织。Q2 钢中含有少量晶界形核的铁素体或贝氏体，而 Q3 钢中由于添加硼元素，晶界形核转变进一步得到抑制，冲击韧性也有所提高。在 100 ~ 200kJ/cm 线能量下，Q1 钢中原奥氏体晶粒急剧长大，最终形成粗化的侧板条铁素体和上贝氏体，对应韧性严重恶化。Q2 和 Q3 钢的原奥氏体晶粒尺寸也比较粗大，所采用的钛氧化物冶金工艺不具备显著的晶界钉扎效果，主要起到促进晶内铁素体转变的作用。但 Q2 钢中除形成针状铁素体结构外仍生成较多的晶界铁素体，影响了韧性的改善。相比之下，Q3 钢中晶界铁素体含量明显减少，在 100～200kJ/cm 时的冷速下硼元素仍可起到抑制晶界铁素体转变的作用，冲击韧性也进一步提高。Q4 钢中采用纳米级或亚微米级氧化物钉扎奥氏体晶粒细化了晶界铁素体尺寸，并且形成复合析出物促进晶内铁素体转变，韧性改善效果最佳。400～800kJ/cm 缓慢冷却条件下，Q2 和 Q3 钢中针状铁素体尺寸也发生粗化，并且 Q3 钢中晶界硼元素将析出碳硼化物而对先析铁素体抑制作用减弱，均形成了较粗的晶界铁素体。Q4 钢中原奥氏体晶粒仍保持较细的水平，并且在缓慢冷速下氧硫氮化物的复合析出促进了高温下晶内多边形铁素体的形核，补充了针状铁素体机制对组织细化能力的不足，HAZ 晶粒尺寸和韧性甚至达到母材水平。

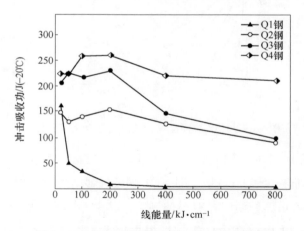

图 4 – 10　Q355 实验钢模拟 HAZ 冲击吸收功

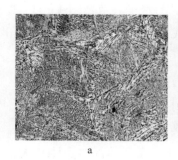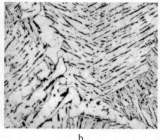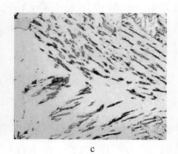

　　　　a　　　　　　　　　　　　b　　　　　　　　　　　　c

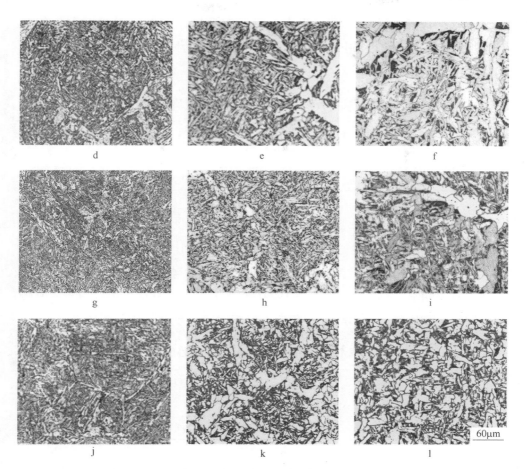

图 4 – 11   Q355 实验钢 HAZ 热模拟显微组织

实验钢：a，b，c—Q1 钢；d，e，f—Q_2 钢；g，h，i—Q_3 钢；j，k，l—Q_4 钢

线能量：a，d，g，j—20kJ/cm；b，e，h，k—200kJ/cm；c，f，i，l—800kJ/cm

4.2.2   可大线能量焊接 EH460 级钢

大线能量焊接工艺在船舶制造领域应用较多，如气电立焊、埋弧单面焊，其中对大线能量焊接用 DH32 ~ EH36 钢板的需求最普遍。但更高强度、厚规格、易焊接钢板的开发应用是船舶和海洋工程发展的必然趋势。EH460 级钢在船级社规范中属高强度淬火回火钢，要求调质状态交货，50mm 厚以下时也可用 TMCP 工艺生产。本研究中按 TMCP 工艺进行了 EH460 实验钢成分设计，采用低碳高锰的基本成分，添加适量铌以实现控

制轧制效果，降低硅含量以减少 MA 组元的形成，为保证厚规格钢板的强度添加镍、铜元素，采用氧化物冶金处理以获得针状铁素体形组织，实验钢化学成分范围见表 4 – 8。

表 4 – 8　EH460 级实验钢的化学成分范围（质量分数,%）

实验钢	C	Si	Mn	Nb	Ni	Cu	Ti，Mg，Ca，Ce，Zr
EH460	0.05 ~ 0.10	0.10 ~ 0.20	1.50 ~ 1.90	0.01 ~ 0.02	0.20 ~ 0.50	0.20 ~ 0.50	一种或多种添加

实验钢采用 TMCP 工艺轧制成 20mm 厚钢板，并进行 200kJ/cm 焊接热模拟实验，性能结果如表 4 – 9 所示。钢板轧态组织和拉伸曲线以及轧态冲击断口形貌如图 4 – 12 所示。控轧控冷条件下得到铁素体和贝氏体混合组织，晶粒细化效果明显，钢板强度达到 EH460 级要求，并具有优良的塑韧性。HAZ 冲击韧性比基体降低约 100J，但仍完全满足 47J 的要求。

表 4 – 9　EH460 级实验钢的力学性能

实验钢	屈服强度 R_{eL}/MPa	抗拉强度 R_m/MPa	基体冲击韧性（ –40℃） KV_2/J	HAZ 冲击韧性（ –40℃） KV_2/J
EH460	521	622	291，282，299	185，163，180

EH460 实验钢的 HAZ 热模拟组织如图 4 – 13 所示。由于添加了铌、镍、铜元素，基体淬透性提高，晶界铁素体含量显著减少，但仍生成少量侧板条结构。与 C – Mn 钢相比，合金化后 HAZ 冷却过程中相变开始温度降低，所形成的晶内针状铁素体尺寸较细，但同时还生成了一定量粒状或板条贝氏体组织。图 4 – 13d 示出冷却过程中剩余奥氏体分解为珠光体和 MA 组元两种次级相，其中 MA 含量较少。由于硅元素不溶于渗碳体，奥氏体分解为珠光体需硅的扩散排除，实验钢采用较低的硅可促进珠光体的分解，减小对韧性的损害。

虽然 EH460 实验钢 HAZ 平均晶粒尺寸比 C – Mn 钢 HAZ 更细化，但由于其淬透性较高，奥氏体冷却转变温度低，生成的针状铁素体和贝氏体板条内部具有更高的位错密度，且岛状分布的 MA 组元易成为脆性裂纹源，这些都导致了冲击韧性的下降。

另一方面，TMCP 钢在大线能量焊接工艺下容易出现焊接接头的软化现象，但相关研究已证实，只要通过焊接工艺、坡口形状的控制使软化区的宽度小于钢板厚度，则软化区在服役条件下将处于三向拉应力状态而不会表现出

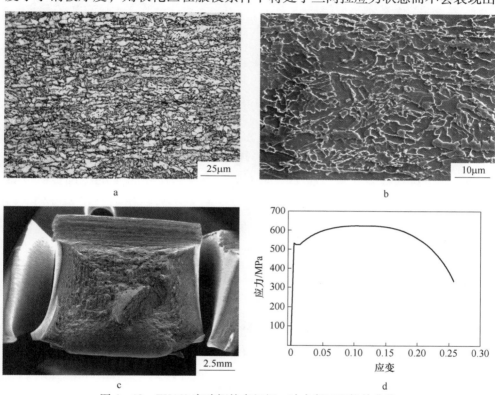

图 4 – 12　EH460 实验钢轧态组织、冲击断口和拉伸曲线

a—光学金相；b—SEM 组织；c—冲击断口 SEM 形貌；d—拉伸曲线

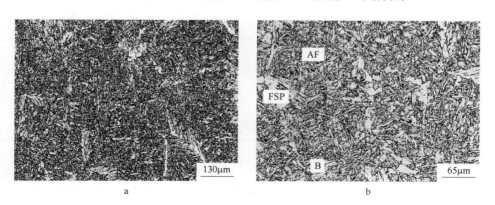

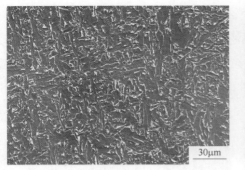
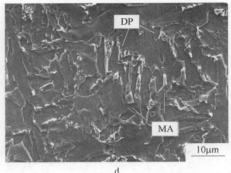

图 4 - 13　EH460 实验钢热模拟 HAZ 显微组织

a，b—光学金相；c，d—SEM 组织

局部软化，在工程应用中一般不会成为问题。从提高 HAZ 本身强度的角度，这里，通过添加合金元素提高基体淬透性，形成高位错密度的微细针状铁素体和贝氏体的混合组织，以及生成少量 MA 组元作为硬化第二相，虽然造成一定程度的韧性损失，但有利于 HAZ 强度的提高，与 C - Mn 钢中单纯的针状铁素体相比，可进一步减轻大线能量焊接接头的软化现象。

4.2.3　可大线能量焊接 X80 级钢

西气东输二线三线主干线均采用 X80 级管线钢管，良好的焊接性是管线钢的重要指标。焊管的生产工艺主要有电阻焊、螺旋埋弧焊和直缝埋弧焊。为确保焊接接头质量，管线钢最适焊接线能量约为 20 ~ 30kJ/cm。管线钢在生产中一般进行微钛处理，生成的 TiN 可起到改善焊接性能的作用。本实验中设计了常规处理和氧化物冶金处理两种 X80 级实验钢——X1 和 X2。X1 钢按通常管线钢的成分进行铌、铬、钼等合金化。X2 钢在此基础上调整控制各元素的含量以改善大线能量焊接性能，为保证基体强度合金元素添加量多，淬透性高，容易导致 MA 岛的生成，因此采用超低碳设计以减少 MA 岛的生成量，实验钢的化学成分范围见表 4 - 10。

表 4 - 10　**X80 实验钢的化学成分范围**（质量分数,%）

实验钢	C	Si	Mn	Nb, Ni, Cr, Mo, V	Al, Ti, Mg, Ca, Ce, Zr
X1，X2	0.01 ~ 0.06	0.15 ~ 0.25	1.50 ~ 2.0	总和 ≤ 0.8	一种或多种添加

实验钢采用 TMCP 工艺轧制成 16mm 厚钢板，轧制规程为 80mm→64mm
→50mm→40mm（待温）→32mm→25mm→20mm→16mm，粗轧累计压下率
50%，精轧累计压下率 60%，终轧温度 800~850℃，终冷温度 400~500℃，
冷却速度大于 20℃/s。实验钢进行 100kJ/cm 焊接热模拟实验，钢板基体力学
性能和 HAZ 冲击韧性如表 4 – 11 所示，轧态显微组织和拉伸应力应变曲线如
图 4 – 14 所示。

表 4 – 11　X80 实验钢的力学性能

实验钢	屈服强度 $R_{p0.2}$/MPa	抗拉强度 R_m/MPa	基体冲击韧性（–40℃）KV_2/J	HAZ 冲击韧性（–20℃）KV_2/J
X1	605	721	256，245，270	34，50，38
X2	598	710	267，239，252	167，135，150

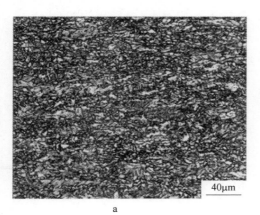

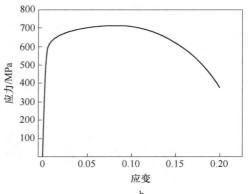

图 4 – 14　X80 实验钢轧态组织和拉伸曲线

a—光学金相；b—拉伸曲线

两种 X80 实验钢的轧态组织均为针状铁素体、贝氏体、（准）多边形铁
素体的混合组织，通常整体称为针状铁素体型组织。与 HAZ 中针状铁素体不
同，基体中的 AF 由加工硬化的奥氏体晶粒内部的晶格缺陷（如位错）处形
核，并且由于母相的晶体变形使得所生成的 AF 板条呈扭曲的形状，而不是
HAZ 中明显的针状，但两种铁素体的转变机制相同，同为贝氏体型相变。X2
钢的 HAZ 冲击韧性平均约 150J，比基体有较大的下降，仍需进一步改善，但
明显优于常规工艺的 X1 钢。

HAZ 热模拟组织如图 4 – 15 所示,两实验钢中晶界铁素体都基本完全消失。X1 钢中形成粗化的板条贝氏体和粒状贝氏体结构,板条束尺寸与原奥氏体晶粒尺寸相当。X1 钢中的 TiN 可起到钉扎奥氏体晶界的作用,但在大热输入条件下将发生部分溶解,晶粒细化效果减弱,并且生成的贝氏体中 MA 岛含量高,促进了脆性断裂。X2 钢中形成了针状铁素体和少量贝氏体组织,由于基体淬透性高,针状铁素体转变温度降低,尺寸明显细化。由于 X2 钢采用超低碳设计,显著降低了 MA 组元含量,在较高的合金含量下减轻了对韧性的损害。图 4 – 15d 示出了 X2 钢中 (Zr,Mg,Al,Ti) O – MnS 复相夹杂物的成分构成。

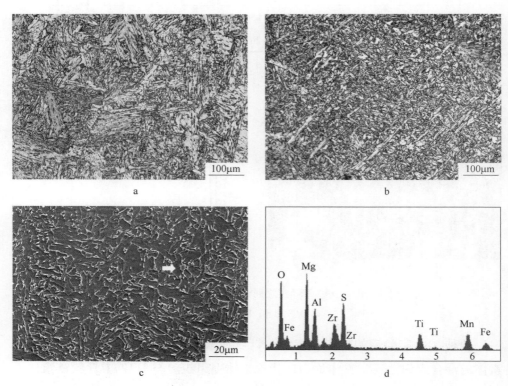

图 4 – 15   X80 实验钢热模拟 HAZ 组织及夹杂物 EDS 成分分析

a—X1 钢金相组织;b—X2 钢金相组织;c—X2 钢 SEM 组织;d—X2 钢中夹杂物分析

管线钢中氢致裂纹(HIC)和硫化氢应力腐蚀断裂(SSC)都与硫化物或氧化物夹杂有关,因此对夹杂物的要求十分严格。氧化物冶金通过引入氧硫化物复相夹杂促进晶内组织细化，但对基体和焊接接头耐蚀性能和抗 HIC 等性能的影响需进一步考察。

4.3 大线能量焊接用钢工业化技术开发

4.3.1 工业化研发条件

结合实验室研究结果，进一步开展了氧化物冶金大线能量焊接用钢工业化生产技术研究。工业化研发工作依托河钢东大产业技术研究院，在河钢集团进行。现场生产条件包括：铁水预脱硫、120t 顶底复吹转炉、双工位 LF 精炼炉、顶吹氧 RH 循环脱气炉、吹氩、喂线、连铸坯动态压下、宽厚板控轧控冷、中厚板热处理，以及其他检测手段。工业现场的炼钢和精炼车间工艺流程布置和装备如图 4 – 16 所示。

图 4 – 16　工业现场的炼钢和精炼工艺流程和装备

氧化物冶金工艺复杂，技术难度大，对各冶炼工艺参数的控制水平具有较高要求，工业现场的炼钢、精炼与连铸系统具备如下一系列先进技术条件，保证了本研发工作的有效开展：

（1）铁水预脱硫采用喷粉脱硫法，向铁水罐内喷吹镁粉和石灰粉的复合喷吹脱硫工艺，铁水硫含量可降至 0.002% 以下，降低精炼炉硫负荷。

（2）转炉采用顶吹氧气底吹惰性气体的顶底复吹炼钢法，碳含量可达到 0.04% 以下；能实现转炉高效脱磷，磷含量可脱至 0.01% 以下；具有转炉挡渣出钢技术，减少钢水回磷，降低钢中夹杂物含量，提高钢包精炼效果。

（3）LF 精炼站具有旋转式双工位精炼炉，两工位同时具备钢水在线冶炼的能力，一工位在脱氧、调渣、升温的同时，另一工位就可进行钢水吹氩、取样、测温、调成分，减少了等待时间，精炼节奏大大加快。

（4）RH 炉在真空脱气基础上增设多功能顶吹氧枪系统，主要功能有强制脱碳、化学升温、去除冷钢，特别是可实现钢液二次增氧，成为本项目研发的关键条件；RH 精炼站同时配备底吹氩、多丝喂线及检测装置，有利于实现夹杂物的有效控制。

（5）采用 LF – RH 双联精炼，可精确和均匀控制钢水温度和成分，杂质元素控制水平 $w_{[S]} \leqslant 0.001\%$，$w_{[N]} \leqslant 0.003\%$，$w_{[H]} \leqslant 0.0001\%$，为生产高品质钢提供了保证。

（6）连铸系统采用全程无氧化保护浇铸技术，和连续弯曲、连续矫直、全程多支点密排辊技术；具有国际先进的铸坯凝固液芯末端的动态轻压下技术，与传统动态轻压下技术相比，铸坯内部偏析、疏松和缩孔等缺陷显著改善。

（7）另外，宽厚板产线具备步进式加热炉、板坯高效除鳞技术、控制轧制技术、AGC 厚度自动控制、板形控制技术、加速冷却和控冷系统、自动超声波探伤等技术，具备多种高级别品种钢生产能力，产品厚度规格达 60mm 以上。

该产线的常规低碳钢和品种钢一般采用 LF→RH→喂钙线的精炼工艺流程，实现脱硫、脱气、去夹杂目的。为保持现场生产节奏，与正常产品生产相协调，所研发产品采用的基本工艺流程与一般低合金高强度钢板的生产流程相同，具体如图 4 – 17 所示。

铁水预脱硫 → 转炉吹炼 → 炉后预脱氧 → LF精炼脱硫 → RH精炼脱气 → Ca处理 → 连铸 → TMCP

图 4 – 17　工业研发钢的基本生产工艺流程

4.3.2　工业生产方案和试制结果

目前，国内对氧化物冶金工业化技术的相关研究中，部分方案采用在转炉后或 LF 炉中用钛脱氧来代替铝脱氧的方式，在钢中生成钛氧化物夹杂。这种处理方式操作简单，易于实施，但钛脱氧前的氧含量不能调整到最佳范围，对氧化物的数量和尺寸分布不能有效控制，不易在成品钢中形成大量微细弥散的氧化钛分布，大线能量焊接性能不稳定，并且容易引入粗大的夹杂物，本身对基体韧性就起到不利影响。

另外，部分研究中为了在钢中引入足够的微细氧化物，将钢液终脱氧操作后移至接近凝固环节，在连铸系统的中间包或结晶器进行喂线脱氧。这一操作必须在钢液中控制氧含量在某一较低的特定值，而且浇铸系统中脱氧产物的均匀化分布的动力学条件不足，并需要保持脱氧和浇铸同步连续进行，工业实施技术难度较大。

为形成稳定高效的工业化生产技术，本研究结合实验室研究结果和现场生产条件分析，进行了冶炼工艺的优化和创新。

根据前述实验研究结果，氧化物冶金工艺中为获得夹杂物微细弥散分布，需控制钛脱氧前最适氧含量约为 0.005%。因此，在工业条件下为实现这一目标，需考察整个冶炼流程中氧含量的变化情况。常规低合金钢冶炼过程中氧的大致变化趋势如图 4 – 18 所示，图中示出氧化物冶金合理氧位所处位置。可见，常规脱氧工艺中一般在较高氧位下直接快速脱至极低水平，因此不利于氧化物冶金的实施，需在此基础上进行进一步改进。

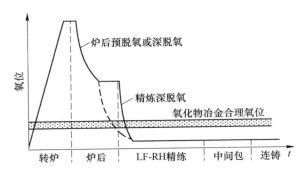

图 4 – 18　常规低合金钢冶炼过程中氧含量变化趋势

图 4 – 19 示出两种改进的工艺方案。方案一中，氧化物冶金处理在 LF 炉中进行，通过对炉后预脱氧和 LF 扩散过程的精确控制来达到氧化物冶金目标氧位，采用 Ti – M 复合脱氧形成微细分布的含钛氧化物，此方案是在常规冶炼工艺基础上的进一步优化。方案二中，在 LF – RH 精炼结束后，钢液中溶解氧降至极低水平，为达到所需氧含量，在 RH 精炼站向钢液中增氧使氧位回升至一定水平，再进行氧化物冶金处理。此方案更利于钢中氧化物微细均匀分布，产品性能稳定性提高，成本并未显著增

加，同时具有技术上的可行性，是本研究中首次开发和提出的氧化物冶金新工艺。

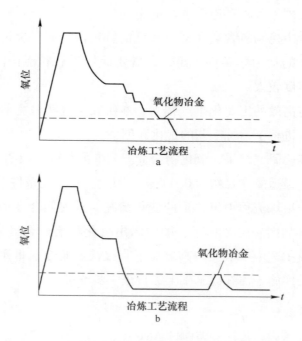

图 4 – 19 基于氧化物冶金工艺改进的冶炼方案

a——方案一；b—方案二

　　在改进的冶炼工艺下，选定 Q355 级低碳钢为试验钢种，冶炼步骤严格按照氧化物冶金工艺要求执行，共试制钢水 360t。精炼过程中软吹氩促进大型夹杂物的上浮和微细夹杂物的均匀分布。严格要求各工序渣系操作，脱硫铁水渣需扒净，转炉挡渣出钢，LF 中电石等造白渣深脱硫，做好保护浇铸，中间包选用超低碳覆盖剂，结晶器选用专用保护渣。在脱氧、精炼、连铸、轧制各工序环节取中间样，分析夹杂物全流程演变规律。

　　试制钢在 3500mm 宽厚板轧机上采用 TMCP 工艺轧制成 30mm 厚钢板，所有试制钢板超声波探伤全部合格。钢板基体力学性能和气电立焊粗晶热影响区 –60℃冲击韧性及显微组织分别如表 4 – 12 和图 4 – 20 所示，焊接参数见表 4 – 13。由图 4 – 20 可见，CGHAZ 中针状铁素体组织显著生成，–60℃冲击韧性达到 200J 以上。

表4-12 工业试制钢板的基体力学性能和大线能量 CGHAZ 冲击韧性

试制钢	基体屈服强度 R_{eL}/MPa	基体抗拉强度 R_m/MPa	基体冲击韧性（-40℃） KV_2/J	CGHAZ 冲击韧性（-60℃） KV_2/J
Q355	410	490	290, 305, 300	180, 204, 225

表4-13 试制钢板气电立焊工艺参数

坡口形状	坡口间隙 /mm	坡口角度 /(°)	焊接电流 /A	电弧电压 /V	焊接速度 /mm·min^{-1}	线能量 /kJ·cm^{-1}
V 形	6	30	360	42	45	200

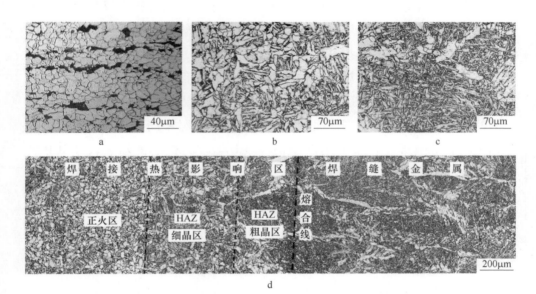

图4-20 工业试制钢板母材组织及气电立焊焊接接头组织

a—母材组织；b—HAZ 细晶区组织；c—HAZ 粗晶区组织；d—焊接接头组织

5 氧化物冶金低碳钢热轧态组织性能调控

以往对氧化物冶金钢的研究中，大多关注焊接热影响区的性能改善效果，而关于氧化物冶金对钢板基体组织的改善作用没有研究。大线能量焊接用钢通常采用与常规低合金钢类似的传统 TMCP 工艺，在此过程中氧化物作为惰性夹杂对组织转变不起作用。因此，氧化物冶金在轧态组织性能调控中的应用往往被忽略。但是，这些氧化物广泛分布于钢中，如果能够充分利用其对晶内组织的细化作用，这对厚板、管型材等不适于低温大变形工艺的产品具有特殊意义。根据本书前述研究已知，微细针状铁素体组织的形成必须控制适当的冷速和最佳温度范围。而厚规格板材或管型材中高冷速和终冷温度的精确控制非常困难，必须采用以超快冷（UFC）为核心的新一代 TMCP 技术[82]才能实现。因此，本研究中提出了"氧化物冶金＋新一代 TMCP"的新型技术路线，以实现氧化物对轧态组织性能的改善。本章围绕这一思路开展了工艺探索和系统实验研究。

5.1 加热与变形温度对组织转变行为的影响

焊接热影响区中奥氏体晶粒尺寸大，晶内形核位置增加，并且在高温热循环区间氧化物周围形成贫锰区，促进晶内针状铁素体形核。而热轧钢材加热制度与 HAZ 明显不同，并且存在奥氏体的变形和再结晶等过程，造成铁素体相变前的组织状态存在显著差异，这些工艺因素对氧化物诱导铁素体形核能力的影响需进行分析。

5.1.1 实验方法

所采用的实验钢成分如表 5 - 1 所示，其中 A 钢和 ATB 钢采用常规的铝脱氧工艺，ATB 钢中还含有 0.01% Ti 和 0.0012% B，TZ 和 TZB 钢采用 Ti - Zr 氧化物冶金工艺，均含有 0.02%（Ti + Zr），TZB 钢中还含有 0.0013% B。所冶炼钢锭一部分热轧成 12mm 厚钢板，加工成 MMS - 300 型热模拟试验机所用试样，另外部分钢锭进行轧制冷却实验。

表 5 - 1   实验钢的化学成分（质量分数，%）

熔炼工艺	钢种编号	C	Si	Mn	Al	Ti	Ti + Zr	B
常规铝脱氧	A	0.08	0.20	1.67	0.03	—		—
	ATB	0.08	0.20	1.65	0.03	0.01		0.0012
氧化物冶金	TZ	0.08	0.20	1.65	—		0.02	—
	TZB	0.08	0.20	1.67	—		0.02	0.0013

（1）加热温度的影响。首先采用热模拟手段研究了奥氏体加热温度的影响，如图 5 - 1 所示，包括奥氏体化后不施加和施加 50% 压缩变形两种方案。图 5 - 1a 中，试样分别在 1100 ~ 1300℃ 保温后以 10℃/s 冷却至 900℃，之后以 2℃/s 冷却至室温。图 5 - 1b 中，试样分别在 1200℃、1250℃、1300℃ 保温后冷却至 1050℃ 施加 50% 变形，然后以 10℃/s 冷却至 900℃，再以 2℃/s 冷却至室温。采用 TZ 钢和 TZB 钢试样进行实验，试样尺寸 ϕ8mm ×15mm。

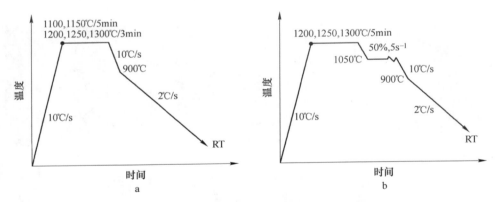

图 5 - 1   不同奥氏体化温度对组织转变的影响实验示意图

a—无奥氏体变形；b—奥氏体 50% 压缩变形

（2）变形温度的影响。热轧过程奥氏体经历变形和再结晶，晶界面积增加，相变位置将由晶内向晶界转移。这里通过热模拟实验研究了变形温度对晶内铁素体转变的影响规律，如图 5 - 2 所示。试样在 1250℃ 保温后分别在 1200 ~ 850℃ 加载 50% 压缩变形，按图 5 - 2 所示工艺冷却至室温。该工艺采用了 A、TZ、TZB 三种钢试样进行实验。

5.1.2 实验结果分析

不同奥氏体化温度下无变形和有变形条件下所得显微组织分别如图5-3和图5-4所示。图5-3所示为 TZ 钢的转变组织，1100℃加热时，奥氏体晶粒尺寸较小，冷却后得到以晶界铁素体为主的结构。

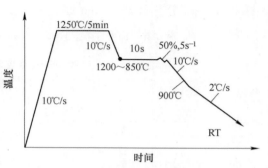

图5-2 奥氏体不同温度变形工艺示意图

1150℃时奥氏体平均尺寸虽已长大至100μm 左右，但晶粒内部大多形成板条束状结构，可见此温度加热后氧化物诱导铁素体形核能力不足。1200℃及以上温度加热，奥氏体晶粒明显粗化，所得晶内针状铁素体含量也显著增加，特别在1300℃时晶界铁素体和侧板条结构含量更少。可见，加热温度升高有利于获得针状铁素体组织，结合实际生产条件，1250℃加热可以满足工艺要求。文献［46］研究表明1250℃奥氏体化时，氧化钛周围贫锰量可达到0.8%，而加热温度低时，贫锰区形成不明显。

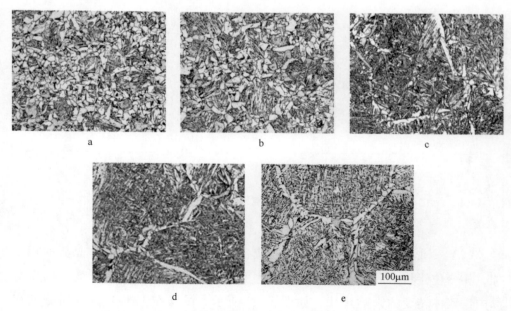

a b c

d e

图5-3 不同奥氏体化加热温度下 TZ 钢转变组织（无变形）

a—1100℃；b—1150℃；c—1200℃；d—1250℃；e—1300℃

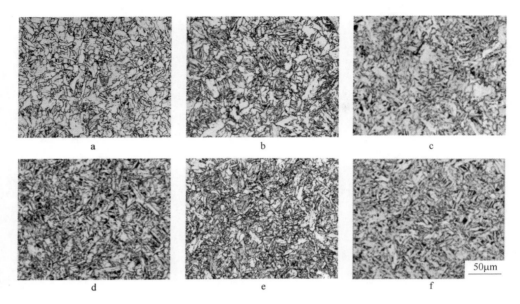

图 5-4 各加热温度下 TZ 和 TZB 钢转变组织（1050℃时50%变形）

实验钢：a，b，c—TZ 钢；d，e，f—TZB 钢

加热温度：a，d—1200℃；b，e—1250℃；c，f—1300℃

图 5-4 中所示在 1200~1300℃奥氏体化后 1050℃施加 50%变形条件下，TZ 钢所得组织与无变形时明显不同，奥氏体经过变形再结晶后尺寸细化，晶界铁素体含量增加而针状铁素体含量减少。但是 TZB 钢中由于添加硼元素，晶界铁素体转变被抑制，仍能得到较多的针状铁素体组织。

在 1250℃奥氏体化后 1200~850℃不同温度施加 50%变形，所得各实验钢显微组织如图 5-5 所示。其中，A 钢在各变形温度下均得到粗大的晶界铁素体和侧板条铁素体，只是随变形温度降低平均尺寸减小。TZ 钢和 TZB 钢中以晶界铁素体和针状铁素体为主，同时含有少量板条束结构。但 TZB 钢中由于添加了硼元素其晶界铁素体含量比 TZ 钢更少。对比 TZB 钢各变形温度下的组织表明，1000℃以上变形时原奥氏体发生再结晶呈多边形形状。随变形温度降低，奥氏体晶粒尺寸减小，晶界铁素体含量增加，但在 1050℃及以上温度变形仍得到针状铁素体为主的组织。1000℃变形后板条束结构含量有所增加。至 850℃时，原奥氏体晶粒已呈现一定程度的压扁，针状铁素体含量也明显降低。TZB 钢晶内铁素体含量随变形温度变化的统计结果如图 5-6 所示。由此可见，为得到以针状铁素体为主的组织，最佳变形温度应控制在 1050℃以上。

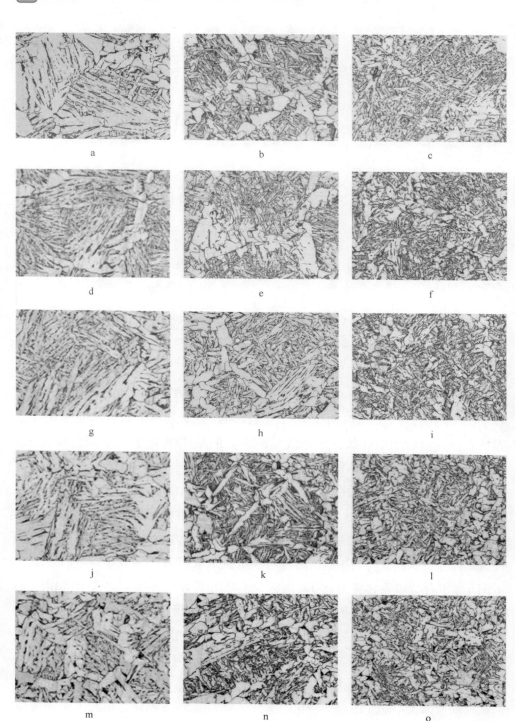

a

b

c

d

e

f

g

h

i

j

k

l

m

n

o

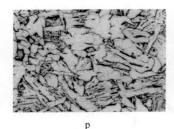 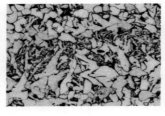 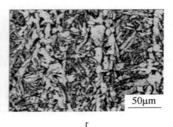

50μm

p   q   r

图 5-5　不同变形温度下 A 钢、TZ 钢和 TZB 钢显微组织

实验钢：a, d, g, j, m, p—A 钢；b, e, h, k, n, q—TZ 钢；

c, f, i, l, o, r—TZB 钢

变形温度：a, b, c—1200℃；d, e, f—1150℃；g, h, i—1100℃；

j, k, l—1050℃；m, n, o—1000℃；p, q, r—850℃

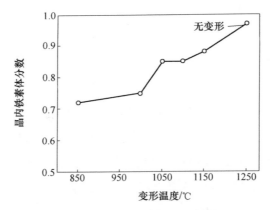

图 5-6　变形温度对 TZB 钢晶内铁素体含量影响

　　根据上述结果可得到两点结论：（1）热变形及再结晶后的奥氏体晶粒内部氧化物诱导铁素体形核能力仍然有效；（2）奥氏体热变形弱化了针状铁素体转变效果。奥氏体再结晶和贫锰区的形成过程均属于扩散过程。变形能够导致位错等晶体结构缺陷，特别是在夹杂物周围基体中。这些晶体缺陷将作为扩散通道而促使锰的浓度梯度降低。因此夹杂物周围贫锰区程度可能被减弱，进而影响其形核能力。然而，在较高变形温度下，贫锰区仍能存在并且有效促进形核。针状铁素体含量下降的主要原因在于晶界是更有利的铁素体形核位置，奥氏体变形后晶界形核位置与晶内夹杂物数量之比例增加，晶内针状铁素体含量降低。

夹杂物周围除了形成贫锰区之外，还会因为与基体不能协同变形而在界面附近的奥氏体中产生晶格畸变和内应力。由此产生的应变能有利于奥氏体以夹杂物为基底发生再结晶形核[83]。奥氏体再结晶后内应力释放，然而在冷却过程中会因为氧化物与奥氏体热膨胀系数的差异而再次产生热应力。大多数氧化物夹杂与奥氏体相比具有较大的弹性模量和较小的线膨胀系数。为简化计算，假设基体与夹杂物的局部界面为平面，那么界面附近奥氏体中的应力和应变能可通过式（5-1）和式（5-2）计算[84]：

$$\tau_\gamma = \frac{E_\gamma E_i}{E_\gamma + E_i}(\beta_\gamma - \beta_i)\Delta T \qquad (5-1)$$

$$\varepsilon_\gamma = \frac{\tau_\gamma^2}{2E_\gamma} \qquad (5-2)$$

式中　τ——应变力，MPa；

　　　ε——应变能，J/m³；

　　　E——杨氏模量，Pa；

　　　β——线膨胀系数，K⁻¹。

夹杂物类型按照 Ti_2O_3 进行分析，相关参数和计算结果如表5-2所示。结果表明，由热应力产生的应变能数量级为 $10^6 J/m^3$，与相变驱动力 $10^{7\sim8} J/m^3$ 相比很小。但所计算的 $\Delta T = 500℃$ 时热应力达到几百兆帕，而奥氏体的屈服应力仅几十兆帕。由此奥氏体在热应力作用下可发生屈服，在界面附近基体中产生位错，将有利于铁素体形核。

表5-2　氧化钛和奥氏体的热力学参数与应变能计算值

物　相	E/Pa	β/K⁻¹	ε/J·m⁻³
Ti_2O_3	$(25\sim50)\times10^{10}$	10.04×10^{-6}	
奥氏体	21.0×10^{10}	23.0×10^{-6}	$(1.3\sim2.2)\times10^6$

5.2　冷却工艺对组织转变行为的影响

在设定的焊接工艺参数下，热影响区的温度循环基本确定，不易在冷却过程中调控组织转变，而热轧钢材可灵活控制冷却路径来获得最佳组织。控制冷却是改善钢板组织性能的重要手段，主要工艺参数包括冷却速度和终冷温度。而基于超快冷技术的新一代 TMCP 工艺中，在线控冷手段和功能更加强大和丰富。本节从简单的工艺出发，采用热模拟手段研究高温变形条件下冷却速度和终冷温度对氧化物冶金低碳钢显微组织的影响，并确定有利于组织细化的冷却工艺参数。

5.2.1 实验方法

热模拟实验方案如图 5-7 所示，试样尺寸 $\phi8mm \times 15mm$。实验钢在 1250℃保温 5min，冷却至 1050℃施加 50%压缩变形，以 1.5℃/s 冷至 850℃，再快速冷却至终冷温度，之后以 0.5℃/s 缓慢冷却至室温以模拟热轧钢板的冷却过程。其中采用 1050℃一道次高温变形，以得到较粗大的原奥氏体晶粒，促进晶内铁素体的形成。图 5-7a 中考察快冷阶段终冷温度的影响，采用的冷速为 20℃/s，终冷温度在 660~510℃变化。图 5-7b 考察快冷阶段冷速的影响，终冷温度为 600℃，冷速在 1.5~20℃/s 变化。观察各热模拟试样显微组织并检测对宏观维氏硬度的影响规律。

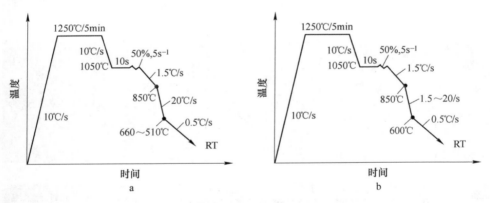

图 5-7　控制冷却工艺热模拟实验方案示意图

a—终冷温度的影响；b—冷速的影响

5.2.2 实验结果分析

不同终冷温度下 TZ 钢和 TZB 钢显微组织如图 5-8 和图 5-9 所示。TZ 钢中，终冷温度 630℃以上时得到多边形铁素体和珠光体组织；600~570℃时针状铁素体含量增加，组织明显细化，同时形成一定量贝氏体组织；540℃以

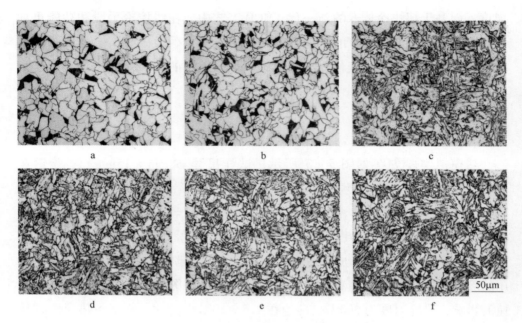

图 5 - 8　TZ 钢不同终冷温度下光学显微组织

a—660℃；b—630℃；c—600℃；d—570℃；e—540℃；f—510℃

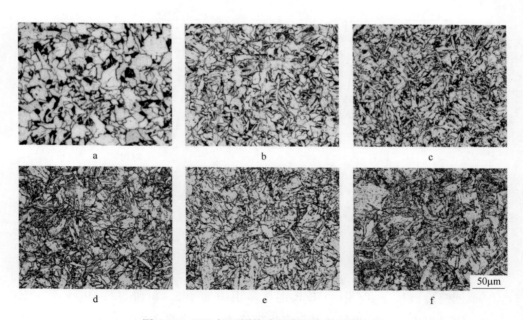

图 5 - 9　TZB 钢不同终冷温度下光学显微组织

a—660℃；b—630℃；c—600℃；d—570℃；e—540℃；f—510℃

下时贝氏体板条束含量增加，组织特征与常规钢趋于一致。TZB 钢显微组织随终冷温度变化趋势与 TZ 钢类似，但在 600℃ 时细化效果更加明显，其中以针状铁素体为主，同时含有一定量的多边形铁素体和贝氏体。针状铁素体实质上是晶内形核的贝氏体，而传统贝氏体则在奥氏体晶界形核。贫锰区的形成使得针状铁素体的转变温度提高。研究表明夹杂物周围存在贫锰量约 0.8% 的贫锰区，可使转变温度提高约 30℃[46,85]。

　　TZB 钢中，630℃ 时就已形成较多的针状铁素体，硼元素的添加提高了基体淬透性，抑制晶界多边形铁素体的形成，促进晶内铁素体形成。600℃ 时针状铁素体形核效果最显著，形成了交错互锁的主体结构，组织细化效果最佳。低于 570℃ 时，贝氏体获得了足够的相变驱动力，而针状铁素体由贫锰区带来的相变热力学优势将减弱。晶界作为形核位置与夹杂物相比具有更低的形核激活能，所以贝氏体转变的动力学条件比针状铁素体更有利。但这时获得的粗大板条贝氏体束将损害基体的韧性。因此，为获得针状铁素体为主的组织，终冷温度需控制在 600℃ 左右。

　　设定终冷温度为 600℃ 时，奥氏体变形后 850℃ 至 600℃ 区间采用不同冷却速度，相应各实验钢显微组织和硬度如图 5 - 10 和图 5 - 11 所示。TZ 钢中，冷速为 1.5 ~ 5℃/s 时得到多边形铁素体 - 珠光体组织；10℃/s 时晶粒尺寸有所细化，并形成一定量针状铁素体；直到 20℃/s 时针状铁素体含量才显著增加，但此时得到的组织和硬度仅相当于 TZB 钢中 5℃/s 时的组织。TZB 钢在冷速为 5℃/s 时即获得针状铁素体为主的组织。

　　上述结果表明，增加冷速以及硼微合金化明显促进了针状铁素体转变及硬度的提高。硼元素在冷却过程中在奥氏体晶界偏聚，抑制奥氏体向铁素体的相变形核。硼对铁素体形核的抑制作用明显取决于冷却速度。冷速为 1.5℃/s 时硼的抑制作用很小，在 5℃/s 时开始起到作用，在 10 ~ 20℃/s 时其抑制效果达到最佳。这一结果与文献 [86] 研究相一致。其指出硼的偏聚主要以非平衡偏聚机制发生，并强烈依赖于冷却速度。在冷速为 1℃/s 时硼的晶界偏聚非常少，当冷速由 5℃/s 增加至 20℃/s，偏聚量随之增加。但硼元素能扩散至 Ti_2O_3 内部而不会在其周围产生偏聚，从而不会影响夹杂物诱导铁素体形核的能力。因此，晶内针状铁素体转变得到显著提高。

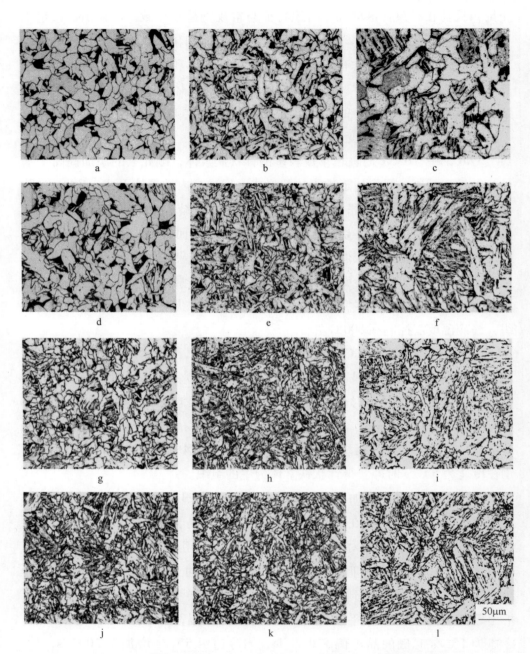

图 5 – 10　终冷温度为 600℃时各实验钢不同冷速下的光学显微组织

实验钢：a, d, g, j—TZ 钢；b, e, h, k—TZB 钢；c, f, i, l—A 钢

冷速：a, b, c—1.5℃/s；d, e, f—5℃/s；g, h, i—10℃/s；j, k, l—20℃/s

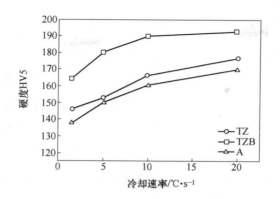

图 5 - 11 实验钢在不同冷速下的宏观维氏硬度

TZB 钢中，10℃/s 冷速下即已充分形成针状铁素体组织，继续提高冷速对组织和硬度并不产生明显影响，这对于不能达到大冷速的厚规格钢材是有利的。对于这些钢材，通过氧化物冶金处理，在 5 ~ 10℃/s 的冷速下即可获得细化的针状铁素体组织和较高的硬度。但对于厚度 60 ~ 100mm 以上的特厚板，采用普通水冷方式时钢板心部冷速较低，甚至在 1℃/s 以下，将导致组织明显粗化，所以需采用超快冷方式改善厚度方向组织的均匀性。另外，对于无法达到5℃/s 以上的低冷速条件，还可通过增加锰、钼、铬等淬透性元素来进一步促进针状铁素体转变[87,88]。相比之下，A 钢中不同冷速下得到粗大的仿晶铁素体和上贝氏体组织以及较低的硬度。

终冷温度为 600℃时，增加冷速和硼微合金化一方面抑制了仿晶铁素体大量形成而增加晶内铁素体含量。另一方面，基体的淬透性仍较低以至于不能完全抑制先析铁素体的生成，在该冷却条件下仍能够在相对较低的温度下生成少量的仿晶铁素体。这些少量晶界铁素体对于促进晶内针状铁素体转变具有有利作用。首先，仿晶铁素体消耗了奥氏体晶界，减少了上贝氏体形核位置。另外，在较低温度下形成的晶界铁素体在反应过程中会将多余的碳元素排至奥氏体中，导致 α/γ 界面前沿的奥氏体产生碳富集。在较高的碳浓度下，在 α/γ 界面形核的上贝氏体或魏氏组织的开始转变温度降低[89]。因此，与晶内铁素体竞争形核的晶界贝氏体含量降低，针状铁素体含量增加。

5.3 不同轧制工艺热模拟实验研究

上述结果表明采用高温变形与控制冷却有利于实验钢晶内针状铁素体转变，然而在低碳钢生产中，两阶段控制轧制的 TMCP 工艺被广泛用于改善钢材的组织性能。对于不易于采用低温大压下的钢材类型，如果能够采用高温轧制＋超快冷的工艺来细化相变组织，则可达到相当于常规控轧控冷工艺的组织性能改善效果。但对这一思路仍需进行实验验证，对于本实验钢，采用高温轧制和控制轧制对组织的不同影响需进一步考察，本节采用热模拟实验对比分析了两种变形工艺对组织的细化效果。

5.3.1 实验方法

热模拟实验方案如图 5－12 所示，包括一阶段变形（1）和两阶段变形（2）两种变形方案，分别模拟高温热轧和控制轧制工艺，同时采用两阶段控制冷却工艺。采用 A、ATB、TZ、TZB 4 种实验钢，试样尺寸 $\phi 8\,mm \times 15\,mm$。试样加热至 1250℃奥氏体化，在一阶段变形工艺中，试样冷却至 1080℃时施加 50%一道次压缩变形，之后以 15℃/s 冷却至 600℃，再缓冷至室温。在两阶段变形工艺中，试样分别在 1080℃和 860℃施加 30%一道次压缩变形，之后快冷至 600℃，再缓冷至室温。观察检测各试样的显微组织和宏观维氏硬度。

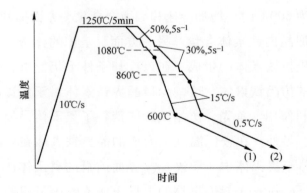

图 5－12 轧制冷却工艺热模拟实验示意图

（1）——阶段变形；（2）—两阶段变形

5.3.2　实验结果分析

　　各实验钢模拟轧制冷却条件下显微组织如图 5 – 13 所示。图 5 – 13 表明，两阶段变形工艺对常规铝脱氧的 A 钢和 ATB 钢组织细化作用明显。一阶段高温变形工艺下 A 钢和 ATB 钢主要为上贝氏体结构，其中 ATB 钢含微量钛，可形成 TiN 或 Ti（C，N）析出物钉扎奥氏体晶界，其原始奥氏体晶粒尺寸较小。两阶段变形工艺下，A 钢中多边形铁素体含量增加，贝氏体束尺寸减小；ATB 钢中由于钛和硼微合金化作用，与 A 钢相比贝氏体含量多，尺寸较细。

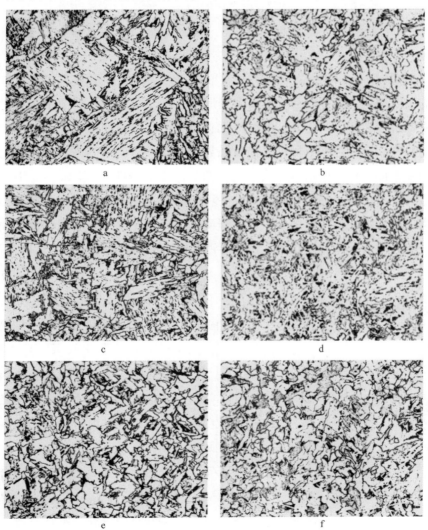

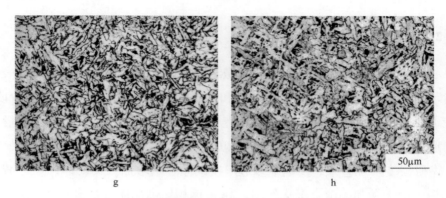

50μm

g   h

图 5 – 13　不同模拟轧制变形条件下各实验钢光学显微组织

(a, b: A 钢; c, d: ATB 钢; e, f: TZ 钢; g, h: TZB 钢)

a, c, e, g——阶段变形; b, d, f, h—两阶段变形

对于 TZ 钢和 TZB 钢, 与一阶段变形相比, 两阶段变形没有起到明显的进一步的组织细化效果。在一阶段高温变形工艺下, TZ、TZB 钢中由于氧化物诱导晶内铁素体转变可获得较佳的组织细化效果。两阶段变形条件下, 有效奥氏体晶粒尺寸减小, 组织细化主要通过晶界相变形核率的提高来实现, 氧化物诱导晶内铁素体形核作用基本消失。因此两阶段变形条件下 TZ 和 TZB 钢中多边形铁素体含量增加, 晶粒尺寸并未进一步细化, 并且 TZB 钢中由于晶界形核的作用贝氏体含量增加而针状铁素体含量降低。另外, 由于原奥氏体晶界面积的增加, 硼在晶界偏聚程度降低, 对晶界铁素体形核的抑制效果也会减弱[90]。

实验钢各工艺下的硬度如图 5 – 14 所示。经两阶段变形后, A 钢和 ATB 钢硬度均有所提高, 获得了细晶强化效果。TZ 钢硬度变化不明显, 特别是 TZB 钢在一阶段变形条件下即可获得较高的硬度, 经过两阶段变形后硬度反而有所下降, 这与显微组织的变化一致。因此, 对于不适合低温大变形工艺的钢材, 通过高温轧制和晶内针状铁素体转变, 仍可

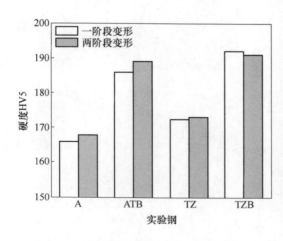

图 5 – 14　不同模拟轧制变形条件下硬度对比

获得与控制轧制等效甚至更佳的组织性能改善效果。

5.4 高温热轧＋超快冷（UFC）工艺实验研究

上述采用热模拟实验研究了变形和冷却工艺对实验钢组织转变行为的影响，并获得了优化的工艺参数。根据上述结果，本节在实验室条件下进行了"氧化物冶金＋高温热轧＋超快冷"工艺路线的实施以及力学性能分析。

5.4.1 实验设备和方法

采用 RAL－ϕ450mm 实验轧机及轧后超快速冷却（UFC）系统进行热轧和冷却实验，实验装置如图 5－15 所示。钢锭原始厚度为 80mm，在 1250℃ 保温约 60min 后，分别采用高温轧制和控制轧制两种轧制方式，实验工艺如图

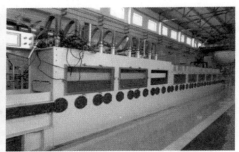

图 5－15　RAL－ϕ450mm 实验轧机及轧后超快速冷却（UFC）系统

5－16 所示。高温轧制工艺中，钢锭经 5 道次连续轧制至目标厚度 20mm，终轧温度约 1100℃。控制轧制工艺中，首先在 1100℃ 轧至 50mm 厚，中间坯待温至 900℃ 以下，经 3 道次轧至目标厚度 20mm。热轧后钢板采用超快冷装置冷至 600～650℃，冷却速度大于 20℃/s，之后空冷至室温。实验钢 A、ATB、TZ、TZB 均

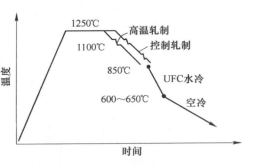

图 5－16　热轧冷却实验工艺示意图

采用高温轧制方式，采用控制轧制的 ATB 钢记为 ATB－CR，各钢板的工艺参数见表 5－3。

表5-3 各实验钢板主要轧制冷却工艺参数

实验参数	A 钢	ATB 钢	ATB – CR 钢	TZ 钢	TZB 钢
终轧温度/℃	1120	1100	870	1080	1100
终冷温度/℃	580	550	620	540	550
返红温度/℃	620	610	650	595	610

在钢板中间厚度位置沿横向（垂直轧制方向）切取拉伸试样，沿纵向（平行轧制方向）切取冲击试样，拉伸试样为棒状，标距尺寸 $\phi 8mm \times 40mm$，冲击试样为 $10mm \times 10mm \times 55mm$ 标准尺寸。选择纵向厚度截面中间部位进行显微组织观察表征。

5.4.2 实验钢显微组织和力学性能

实验钢奥氏体未再结晶温度根据 Boratto 公式[91]计算。含钛实验钢的奥氏体未再结晶温度大约为 900℃，在高温轧制条件下将发生完全再结晶，实验中观察到原奥氏体晶粒尺寸大多在 $50 \sim 100\mu m$。各实验钢板的轧态组织如图 5-17 所示。铝脱氧 A 钢、ATB 钢以贝氏体束结构为主，TZ、TZB 钢获得针

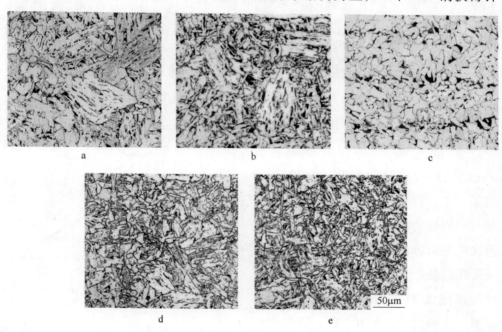

图 5-17 实验钢热轧态光学显微组织

a—A 钢；b—ATB 钢；c—ATB – CR 钢；d—TZ 钢；e—TZB 钢

状铁素体组织。ATB – CR 钢板经过两阶段控制轧制，奥氏体晶界面积增加，由于终冷温度较高（650℃），得到多边形铁素体珠光体组织。与 A 钢相比，ATB 钢中除贝氏体板条束结构外，还生成一部分针状铁素体型组织，采用面积法统计其体积分数约为 40%。ATB 钢中能够促进晶内铁素体形核的析出物主要为 $Al_2O_3 \cdot MnS$ 和 $MnS \cdot TiN$。$MnS \cdot TiN$ 通过 TiN/α 共格界面以及 MnS 复合析出形成贫锰区的机制促进铁素体形核[62]。但由于其数量和形核能力有限，ATB 钢中未充分形成针状铁素体组织。TZB 钢与 TZ 钢相比，贝氏体和（准）多边形铁素体含量明显减少，绝大部分为针状铁素体组织，采用面积法统计粒状或束状贝氏体含量仅占约 6%。另外，在高温轧制 TZB 钢中不存在控轧时产生的带状组织。

　　高温轧制 TZB 钢 EBSD 分析如图 5 – 18 所示。其中衍射质量图 5 – 18a 与显微形貌类似，呈细晶结构组织，但由图 5 – 18c 可知其内部存在大量小角度界面。针状铁素体板条、贝氏体束、多边形铁素体晶粒之间多为大角度晶界，小角度界面主要分布在贝氏体束内部。针状铁素体板条内部也存在小角度界面，特别在尺寸粗大的板条内。这是因为针状铁素体在长大过程中需轻度调整晶体取向[92]，在板条内产生小角度界面。另外，初生针状铁素体板条和附生板条之间取向差经常为小角度[93]。相互毗邻的取向差小于 15° 的一组铁素体板条构成晶体学板条束，从断裂行为角度又被称为有效晶粒[93,94]。采用取向差大于 15° 衍射质量图通过割线法测定晶体学晶粒尺寸，平均为 7μm。该尺寸是与脆性断面的解理小平面尺寸相当的有效晶粒尺寸[95]。TZB 钢的这种针状铁素体结构和细化的晶体学有效晶粒尺寸保证了其优良的冲击韧性。

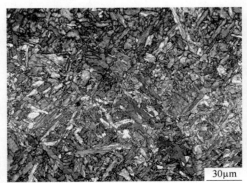

a　　　　　　　　　　　　　　　　　　　　　　b

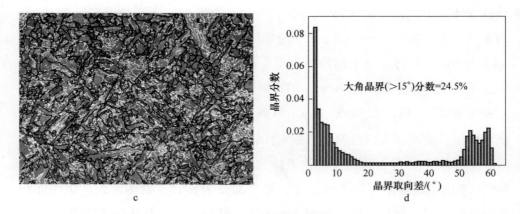

c   d

图 5 - 18   热轧态 TZB 钢显微组织 EBSD 分析

a—衍射质量图；b—晶粒取向图显示 > 15°晶界；c—衍射质量图显示 > 15°
（黑线）和 > 2°（灰线）晶界；d—晶粒取向差分布图

各热轧钢板的力学性能如表 5 - 4 和图 5 - 19、图 5 - 20 所示。高温热轧条件下，铝脱氧钢屈服强度大约 330 ~ 370MPa，氧化物冶金钢屈服强度约 460MPa。控轧态 ATB - CR 钢由于是铁素体珠光体组织，屈服强度最低，但伸长率和低温冲击韧性最佳。然而，TZB 钢在获得高强度的同时仍具有优良的低温冲击韧性，TZ 钢由于贝氏体含量较多，韧性低于 TZB 钢。A 钢中由于粗大板条束结构，其低温韧性明显降低。

表 5 - 4   热轧实验钢的力学性能

实验钢种	屈服强度 R_{eL}/MPa	抗拉强度 R_m/MPa	伸长率 A/%	冲击韧性 KV_2/J			
				- 20℃	- 40℃	- 60℃	- 80℃
A	336	483	29	210	159	53	14
ATB	375	485	33	280	244	186	103
ATB - CR	344	450	37	288	294	294	176
TZ	462	569	24	274	249	145	125
TZB	467	584	26	284	262	222	149

TZB 钢和 ATB 钢合金成分和组织类型相近，TZB 钢屈服强度高出约 100MPa，主要由于细晶强化的作用。细晶强化增量根据 Hall - Petch 关系式 $\sigma_y = \sigma_0 + k \cdot d^{-1/2}$ 计算，其中 σ_0 对两实验钢相同，系数 k 对于低碳钢取 600MPa · $\mu m^{1/2}$。TZB 钢的有效晶粒尺寸按大角度晶界测定，根据 EBSD 分析

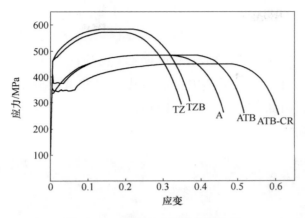

图 5 – 19　热轧实验钢的拉伸曲线

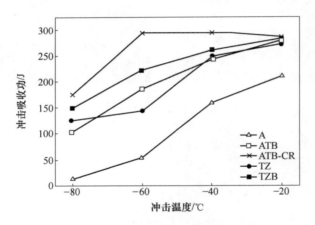

图 5 – 20　热轧实验钢的系列冲击吸收功

结果为 7μm。ATB 钢同时具有粗大板条束和针状铁素体而尺寸不均匀。其中粗大板条束将作为软相在拉伸变形过程中首先屈服，因此采用板条束尺寸作为晶粒尺寸进行计算，约为 40μm。所计算强度增量为 130MPa，与拉伸实验数据基本一致。并且由于 ATB 钢存在一定量的针状铁素体，其有效晶粒尺寸实际更小，所以 TZB 钢较之实际强度增量也略低。

　　实验钢冲击断口典型形貌如图 5 – 21 所示，其中图 5 – 21a 为 A 钢 –60℃ 冲击断口脆性区形貌，图 5 – 21b，c 分别为 TZB 钢 –60℃ 冲击断口脆性区和韧性区形貌。TZB 钢脆性解理小平面尺寸与 A 钢相比显著细化。解理面单元与晶体学有效晶粒尺寸相对应。如上述 EBSD 形貌所示，TZB 钢有效晶粒尺寸约7μm，而A钢有效晶粒尺寸相当于其粗大贝氏体板条束的尺寸。取向差大于15°晶体学晶界可有效阻碍裂纹扩展，提高冲击吸收功。TZB钢韧性断口呈韧窝状，韧窝底部的夹杂物检测为Ti-Zr氧化物与MnS的复合夹杂物。由于脱氧工艺中控制氧化物尺寸微细分布，并限制总氧量在较低的水平，因此，与常规脱氧钢相比，这些特殊氧化物对基体韧性并未产生明显不利影响。

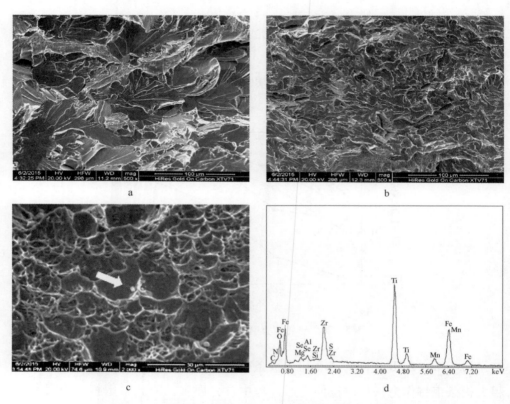

图5-21 实验钢冲击断口SEM形貌及夹杂物EDS分析

a—A钢；b，c—TZB钢；d—TZB钢夹杂物EDS分析

注意到，对于TZB钢高温热轧态针状铁素体组织和HAZ针状铁素体组织虽然均为氧化物晶内诱导形核的作用，但两者的形貌又存在不同特征。HAZ组织基本全部由单独针状铁素体板条呈互锁形态组成。而热轧态组织实际是由不同组元构成的复相组织，包括针状铁素体（AF）、多边形或准多变铁素体（QPF）、粒状或板条贝氏体（GB/LB），以及次级相如碳化物、退化珠光

体（DP）或 MA 组元。该组织形态与针状铁素体型管线钢非常相似，只是管线钢的显微组织更为细化。

高温热轧 TZB 钢微细组织如图 5 - 22 所示。其中透射电镜形貌还表明针状铁素体内部还存在较高密度的位错。值得注意的是，还观察到少量如图 5 - 22f 中所示结构形貌。其中，针状铁素体与分布于板条内部及沿板条边界的长条状碳化物同时存在（虚线所示）。内部的碳化物轴线与板条边界构成大致 50°，74°或 17°的角度。这种铁素体板条与下贝氏体相对应，被称为下针状铁素体（lower acicular ferrite）[96,97]。渗碳体可从过饱和铁素体或富碳奥氏体中析出，分别呈现不同的空间位向[96]。下针状铁素体的形成条件是只有碳浓度足够高时以使得在大量碳元素扩散至残余奥氏体之前碳化物在针状铁素体中析出[74]。因此，下针状铁素体在低碳钢中不易形成。实验钢中观测的少量下针状铁素体板条推测是冷却过程中形成于较低的温度，在其形成之前已生成大量铁素体并将碳元素排至残余奥氏体中而达到足够的浓度。然而，实验钢中大部分铁素体板条属于上针状铁素体，并且由于板条的粗化，在一定程度上其针状形貌有所退化而呈现出不规则边界。

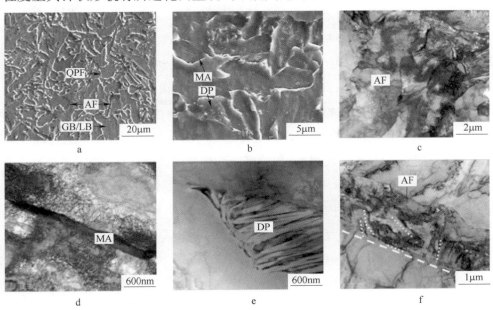

图 5 - 22　TZB 钢热轧态显微组织

a，b—SEM 组织；c ~ f—TEM 组织

目前，针对 HSLA 钢通过氧化物诱导晶内形核获得针状铁素体型基体组织的研究较少。其主要原因是一方面氧化物冶金技术仍未成熟掌握，另一方面 HSLA 钢通常采用 TMCP 工艺生产，这时氧化物与其他细晶机制相比作用非常微弱。然而，晶内形核的针状铁素体可以容易地在 TMCP 钢或钒钢中得到。具有针状铁素体组织的管线钢或微合金钢一般设计为在未再结晶区施加大变形压下。形变奥氏体晶粒内部产生的位错等大量晶体缺陷作为晶内铁素体形核位置，与氧化物相比数量更大，因此组织细化效果更明显[94,98,99]。此外，钒微合金化经常被应用于热轧或热锻钢材，通过 VN 或 V（C，N）析出物促进晶内形核形成晶内铁素体组织。为增加晶内铁素体含量，较大的奥氏体晶粒尺寸和足够的 V（C，N）析出数量是必要的[100]。为促进 V（C，N）在奥氏体中析出，850 ~ 950℃温度间的变形和变形后的充分待温时间以及奥氏体分解前的较慢冷速被认为是重要的条件[100,101]。

5.5 新工艺下实验钢组织演变特征分析

本节采用热模拟实验进一步分析了实验钢在高温轧制 + 超快冷新工艺下显微组织转变行为以及针状铁素体结构的形成过程。试样变形工艺与前文相同，1250℃奥氏体化后冷至 1080℃施加 50% 变形，以 20℃/s 冷却至 600℃之后以 0.5℃/s 缓冷，缓冷到不同温度时喷水急冷至室温，观察各冷却温度下的显微组织。其中采用 ATB 钢和 TZB 钢进行了实验。

各冷却温度下实验钢的光学金相和 SEM 组织分别如图 5 - 23 和图 5 - 24 所示。图 5 - 23 中白色部分为水冷之前缓冷过程中生成的铁素体相，灰色部分为水冷过程中生成的马氏体或 MA，黑色部分为珠光体或退化珠光体。图 5 - 23a、d 分别为 ATB 钢和 TZB 钢在铁素体转变初始阶段的形貌。ATB 钢中，贝氏体束在晶界形核并向奥氏体晶内贯通长大。而 TZB 钢中，针状铁素体在晶内夹杂物上形核，呈放射状向不同方向长大。图 5 - 25 表明 TZB 钢中有效夹杂物为 Ti - Zr - Al - Mn - O + MnS 复相结构，氧化物粒子中富含钛和锆以及少量的铝和锰，MnS 在氧化物表面附着析出。晶界先析铁素体在两钢中均有形成，但含量较少。显然，TZB 钢相变初始阶段，晶内形核得到促进而晶界贝氏体形核受到抑制。其原因首先，高温变形导致较大的奥氏体晶粒，晶界形核位置减少，晶内铁素体转变动力学条件提高。另一方面，在实验钢的化学成分及工艺下，针状铁素体形核的热力学条件也得到提高。针状铁素体和贝氏体具有相同的变形机制和转变温度[89]，但贫锰区的形成使针状铁素体转变温度升高，贫锰量约 0.8% 时铁素体相变温度提高约 30℃[46,85]。并且硼的添加降低晶界处相变开始温度，研究表明晶界侧板条铁素体或贝氏体的开始温度由于硼晶界偏聚可降低 50℃[90]。另外，在较低温度下形成的少量晶界铁素体也将减少贝氏体形核位置降低贝氏体转变开始温度[89]。上述因素导致针状铁素体和贝氏体转变区间分离。随着相变的进行，在贝氏体点之前针状铁素体即成为主要组织，之后发生的贝氏体转变也被限制在更小尺寸的区域内。

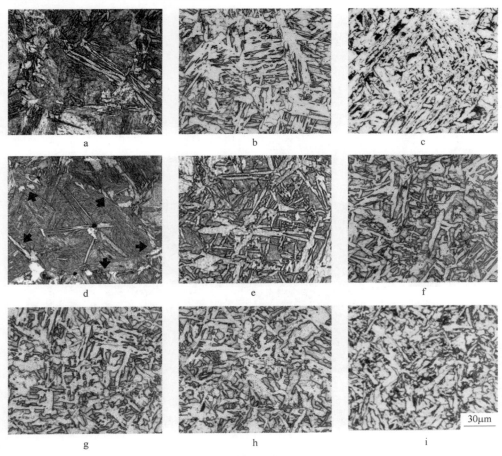

图 5-23　实验钢缓冷至不同温度后水冷的光学显微组织

(a~c：ATB 钢；d~i：TZB 钢)

a—596℃；b—570℃；c—400℃；d—598℃；e—594℃；f—590℃；g—580℃；h—570℃；i—400℃

图 5 – 24　TZB 钢在不同温度水冷后的 SEM 组织

a—590℃；b—550℃；c—400℃

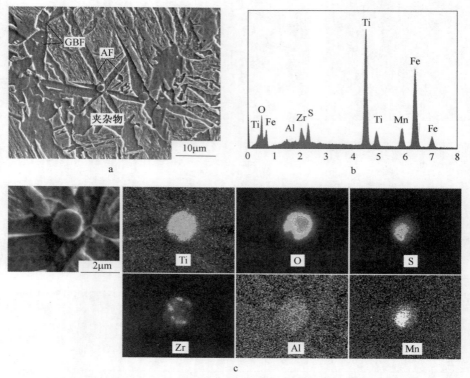

图 5 – 25　TZB 钢 596℃冷却时夹杂物诱导铁素体形核形貌及成分分析

a—SEM 形貌；b—夹杂物 EDS 分析；c—夹杂物元素分布

图 5 – 23d ~ i 示出 TZB 钢在冷却过程中的组织演变进程，可大致分为两个阶段，即 590℃之前针状铁素体互锁结构的形成（图 5 – 23d ~ f），以及之后涉及剩余奥氏体的相变完成阶段（图 5 – 23f ~ i）。在相变初期，经常有多

个针状铁素体板条自同一夹杂物上形核，并在短时间内快速延长。新形成的铁素体板条具有较高的长宽比以及明显的二维针状形貌和规则铁素体/奥氏体界面。随后的相变进程由于二次铁素体板条的感生形核而加快。初生针状铁素体板条也会发生长大粗化而导致长宽比减小以及界面变得不规则。这是由于新形成的针状铁素体具有过饱和的碳浓度，在形成之后很快会发生碳自铁素体向奥氏体的配分。界面前沿的奥氏体将发生碳富集，并向奥氏体内部扩散，而这种碳的扩散是不均匀的，造成铁素体界面的推进也不均匀[96]。这一阶段铁素体板条的长大最有可能是通过贝氏体型的长大机制。有效的自发形核率及板条间相互硬性碰触（hard impingement）形成了互锁的结构形貌，将大的奥氏体晶粒分割成多个小区域。这时发生的贝氏体转变也会被限制在局部空间而形成较细化的粒状贝氏体或板条贝氏体束。随着剩余奥氏体体积减小及碳的富集，新的针状铁素体形核趋于停止。这一相变阶段在 590~600℃温度区间内以较快的转变速率完成。

之后的相变进程以针状铁素体板条的粗化和多边形铁素体的形核长大为主，转变速率也明显减慢。与贝氏体相变中不完全反应现象一样，针状铁素体转变以切变机制进行，在剩余奥氏体中碳富集浓度达到 T_0 线时，转变也会停止。随温度降低，与 T_0 线对应的碳浓度增加，针状铁素体能继续长大，并导致残余奥氏体中进一步碳富集。针状铁素体除了以这种贝氏体机制长大，还能够以扩散机制在原铁素体板条基底上外延生长（epitaxial growth）。在较高温度下的缓慢冷却过程中，这种长大机制是能够发生的，并将导致更加不规则的针状铁素体晶界。实际上在冷却过程中，在初期形成的仿晶铁素体和自形铁素体均以这种扩散机制不断粗化。针状铁素体的长大导致在最终组织中不易识别的针状形貌。其原因在于，一方面铁素体界面的迁移由于碳的不均匀扩散而变得不规则，另一方面可供铁素体板条长大的残余奥氏体空间受到限制并且其形状是不规则的。在这第二阶段，多边形铁素体或准多变铁素体也能够形核长大，这一现象在文献［94］对管线钢的组织转变研究中也得到证实。最后，残余奥氏体在约 550℃ 开始分解为珠光体或退化珠光体，如图 5-24 所示。另外，一部分残余奥氏体未发生分解，而在冷却至室温之后形成 MA 组元。

6 结 论

本项目系统研究了不同类型氧化物冶金工艺及其对大线能量焊接 HAZ 组织性能的影响，分析了大线能量 CGHAZ 组织演变行为及夹杂物促进晶内铁素体转变机理，实验条件下研制了不同级别可大线能量焊接原型钢，并开展了工业化技术开发，在此基础上将氧化物冶金与新一代 TMCP 技术相结合，考察了夹杂物诱导针状铁素体相变对低碳钢热轧态组织和性能的改善效果。主要结论如下：

（1）脱氧热力学计算表明，$Si-Mn$ 预脱氧可将氧含量降至 0.005% ~ 0.01%；钛具有多种不同价位的氧化物，微合金成分条件下钛脱氧产物中 Ti_2O_3 稳定性最高；为避免 Al_2O_3 的析出，在 0.01% Ti 时需控制铝含量在 0.004% 以下；锆和镁脱氧能力极强，微量锆可使 Al_2O_3 和 Ti_2O_3 还原，极微量镁就可使 Al_2O_3 转化成 $MgAl_2O_4$ 尖晶石。TiO 系钢中控制钛脱氧前氧位约 0.005%，缩短浇铸时间及提高凝固冷速有利于 TiO_x 微细多量分布，钢中 TiO_x-MnS 夹杂促进晶内铁素体转变。钛和强脱氧剂 M（锆、镁、钙、稀土元素）复合脱氧进一步促进夹杂物细化，生成 $TiO_x-MO_y(M(O，S))-MnS-TiN$ 复相夹杂有效诱导针状铁素体形核。MgO 系钢中主要生成亚微米级 $MgO-TiN-MnS$ 复相夹杂，在 500kJ/cm 以上超大线能量下原奥氏体晶粒仅长大至 120μm，晶界钉扎效果显著。

（2）在 MgO 系钢的基础上，采用 $Ti-REM/Zr \rightarrow Mg$ 脱氧工艺可增加钢中含钛氧化物的体积分数，提高晶内针状铁素体组织转变程度；对 MgO 钢进行钒微合金化可促进 MgO、TiN 和 $V(C，N)$ 的复合析出，利用界面共格机制提高夹杂物诱导铁素体形核能力，可同时起到钉扎奥氏体晶粒和促进晶内转变的两方面作用。综合采用两种处理工艺时，HAZ 组织细化效果最佳，侧板条铁素体和粗大晶界片层状铁素体基本消失，整体组织细化均匀，500kJ/cm 线能量下 -20℃ 冲击韧性达到 200J 以上，与常规 MgO 钢相比大幅改善。

（3）Ti-Zr 脱氧钢粗晶奥氏体连续冷却转变中，低冷速时得到针状铁素体组织，并随冷速增加尺寸细化；高冷速时得到针状铁素体、贝氏体和马氏体的混合组织，其中针状铁素体分割原奥氏体晶粒，贝氏体和马氏体板条束大为细化。在粗晶奥氏体等温转变中随温度的降低分别得到晶内多边形铁素体、较粗大针状铁素体、细化针状铁素体、晶内贝氏体。温度降低时相变驱动力增加，可激发形核的夹杂物尺寸减小，并且能同时生成多个细小板条。针状铁素体转变特征与贝氏体类似，具有不完全反应现象。贫锰区机制为 Ti-Zr 钢中夹杂物诱导铁素体形核的主导机制，对含镍无锰钢的考察结果表明锰元素在晶内铁素体转变过程中的关键作用。

（4）结合成分优化设计，实验室研制了基于不同氧化物冶金工艺的 Q355 级、EH460 级、X80 级可大线能量焊接原型钢，分别满足 100~800kJ/cm 大线能量焊接性能。结合实验研究结果进行了基于氧化物冶金工艺的大线能量焊接用钢工业化技术研发，对常规钢冶炼流程进行了改进。工业试制钢板在 200kJ/cm 气电立焊条件下，HAZ 粗晶区针状铁素体组织显著生成，-60℃冲击韧性达到 200J 以上。

（5）提出了"氧化物冶金+新一代 TMCP"新型工艺路线。氧化物冶金钢在奥氏体变形再结晶条件下夹杂物仍可诱导针状铁素体形核，提高变形温度有利于晶内铁素体转变量的增加；奥氏体高温变形后以较快冷速冷至 600℃可显著促进针状铁素体转变。在"高温热轧+超快冷（UFC）"新一代 TMCP 工艺下得到针状铁素体型细晶组织，与常规钢相比强韧性能显著提高，并同时兼备了大线能量焊接性能。该工艺的实施将对厚板、管型材等不适于低温大变形的产品轧态性能的大幅提升具有特殊意义。

参 考 文 献

［1］ 池野 輝夫，金沢 正午，中島 明，等. 大入熱溶接ボンド部の粗粒化防止と靱性改良に対するTiNの利用［J］. 鉄と鋼，1973，59（4）：148.

［2］ Kanazawa S, Nakashima A, Okamoto K, et al. Improved toughness of weld fussion zone by fine TiN particles and development of a steel for large heat input welding［J］. Tetsu－to－Hagane, 1975, 61（11）: 2589～2603.

［3］ 坪井 潤一郎，西山 昇，中野 昭三郎，等. 溶接熱影響部のじん性について：大入熱溶接用鋼の研究［J］. 溶接学会全国大会講演概要，1974（15）：110～111.

［4］ 笠松 裕，高嶋 修嗣，細谷 隆司，等. 鋼板中のTiN粒子寸法におよぼすTi，N量の影響［J］. 鉄と鋼，1976，62（11）：677.

［5］ Kasamatsu Y, Takashima S, Hosoya T. Effect of titanium and nitrogen on toughness of heat－affected zone of steel plate with tensile strength of 50kg/mm^2 in high heat input welding［J］. Tetsu－to－Hagane, 1979, 65（8）: 1232～1241.

［6］ Kawashima Y. Fundamental study for development of Si－Mn type steel for low temperature service under large heat input welding condition［J］. Tetsu－to－Hagane, 1982, 68（5）: 638.

［7］ Murata S, Toyosada M, Miyazaki T, et al. Development of new steel and welding procedure for hull structure of ice breaking vessels［J］. Journal of the Society of Naval Architects of Japan, 1984（156）: 436～449.

［8］ Ohno Y, Okamura Y, Matsuda S, et al. Characteristics of HAZ microstructure in Ti－B treated steel for large heat input welding［J］. Tetsu－to－Hagane, 1987, 73（8）: 1010～1017.

［9］ 弟子丸 慎一，平井 征夫，天野 虔一，等. 氷海域海洋構造物向大入熱溶接用厚肉鋼板の製造［J］. 川崎製鉄技報，1986，18（4）：295～300.

［10］ Koda M. Relation between solution behavior of TiN particles and austenite grain size in synthetic HAZ［J］. Tetsu－to－Hagane, 1984, 70（13）: 1265.

［11］ Koda M. Development of high strength steel plate with superior toughness of large heat input welded joint［J］. Tetsu－to－Hagane, 1986, 72（12）: 1151.

［12］ Tsukada K. Development of class 50kgf/mm^2 steel for arctic offshore structure［J］. Tetsu－to－Hagane, 1983, 69（13）: 1268.

［13］ Kan T. Improvement in HAZ toughness of low temperature service Al killed steel for high heat input welding［J］. Tetsu－to－Hagane, 1984, 70（13）: 1393.

［14］ Shiwaku T. Development of 47kgf/mm^2 class yield strength steel plates for arctic offshore structure［J］. Tetsu－to－Hagane, 1986, 72（12）: 1153.

[15] 中西 睦夫, 有持 和茂, 小溝 裕一, 等. 溶接ボンド靭性の優れた低温用アルミキルド鋼の開発 [J]. 溶接学会全国大会講演概要, 1982 (31): 208~209.

[16] 渡辺 征一, 有持 和茂, 古澤 遵, 等. 氷海域構造物用 50kgf/mm² 鋼の大入熱溶接性向上の検討 [J]. 鉄と鋼, 1985, 71 (5): 664.

[17] Nakanishi M, Komizo Y, Seta I. Improvement of welded HAZ toughness by dispersion with nitride particles and oxide particles [J]. Journal of the Japan Welding Society, 1983, 52 (2): 117~124.

[18] Homma H. Improvement of HAZ toughness in HSLA steel by Ti – oxide particles: Study on steels of high HAZ toughness through fine oxide dispersion [J]. Tetsu – to – Hagane, 1986, 72 (5): 625.

[19] Yamamoto K, Matsuda S, Chijiiwa R, et al. Development of Ti – oxide bearing steel heaving high weld HAZ toughness [J]. Materia Japan, 1989, 28 (6): 514~516.

[20] Yamamoto K, Hasegawa T, Takamura J. Effect of B on the intra – granular ferrite formation in Ti – oxides bearing steels [J]. Tetsu – to – Hagane, 1993, 79 (10): 1169~1175.

[21] Takamura J, Mizoguchi S. Roles of oxides in steels performance——Metallurgy of oxides in steels 1 [C]//Proceedings of the 6th International Iron and Steel Congress. 1990.

[22] Mizoguchi S, Takamura J. Control of oxides as inoculants——Metallurgy of oxides in steels 2 [C]//Proceedings of the 6th International Iron and Steel Congress. 1990.

[23] Sawai T, Wakoh M, Ueshima Y, et al. Effect of Zr on the precipitation of MnS in low carbon steels——Metallurgy of oxides in steels 3 [C]//Proceedings of the 6th International Iron and Steel Congress. 1990.

[24] Ogibayashi S, Yamaguchi K, Hirai H, et al. The feature of oxides in Ti – deoxidized steel——Metallurgy of oxides in steels 4 [C]//Proceedings of the 6th International Iron and Steel Congress. 1990.

[25] Ueshima Y, Yuyama H, Mizoguchi S, et al. Effect of oxide inclusions on MnS precipitation in low carbon steel [J]. Tetsu – to – Hagane, 1989, 75 (3): 501~508.

[26] Wakoh M, Sawai T, Mizoguchi S. Effect of oxide particles on MnS precipitation in low S steels [J]. Tetsu – to – Hagane, 1992, 78 (11): 1697~1704.

[27] 皆川 昌紀, 石田 浩司, 船津 裕二. 大型コンテナ船用大入熱溶接対応降伏強度 390MPa 級鋼板 [J]. 新日鉄技報, 2004 (380): 6~8.

[28] 児島 明彦, 吉井 健一, 秦 知彦. 大入熱溶接に対応した建築鉄骨用高 HAZ 靭性鋼の開発 [J]. 新日鉄技報, 2004 (380): 33~37.

[29] 長井 嘉秀, 深水 秀範, 井上 肇. 海洋構造物用継手 CTOD 保証降伏強度 500N/mm² 鋼

　　　［J］. 新日鉄技報, 2004 (380)：12～16.

［30］ Terada Y, Kojima A, Kiyose A, et al. High-strength linepipes with excellent HAZ toughness ［J］. Nippon Steel Technical Report, 2004 (90)：88～93.

［31］ Kojima A, Uemori R, Minagawa M, et al. Super high HAZ toughness steels with fine microstructure imparted by fine particles ［J］. Bulletin of the Japan Institute of Metals, 2003, 42 (1)：67～69.

［32］ Suzuki S, Oi K, Ichimiya K, et al. Development of high performance steel plate with excellent HAZ toughness in high heat input weld applying new microstructure control technology "JFE EWEL" ［J］. Bulletin of the Japan Institute of Metals, 2004, 43 (3)：232～234.

［33］ 一宮 克行, 角 博幸, 平井 龍至.「JFE EWEL」技術を適用した大入熱溶接仕様 YP460 級鋼板 ［J］. JFE 技報, 2007 (18)：13～17.

［34］ 木村 達己, 角 博幸, 木谷 靖. 溶接部靱性に優れた建築用高張力鋼板と溶接材料—大入熱溶接部の高品質化を実現する JFE EWEL 技術 ［J］. JFE 技報, 2004 (5)：38～44.

［35］ 鈴木 伸一, 一宮 克行, 秋田 俊和. 溶接熱影響部靱性に優れた造船用高張力鋼板——大入熱溶接部の高品質化を実現する JFE EWEL 技術 ［J］. JFE 技報, 2004 (5)：19～24.

［36］ 岡野 重雄, 小林 洋一郎, 柴田 光明. 大型コンテナ船用大入熱溶接型 YP355～460MPa 級鋼板及び溶接材料 ［J］. 神戸製鋼技報, 2002, 52 (1)：2～5.

［37］ 小林 克壮, 塩飽 豊明. 建築構造用高性能 TS550MPa 級厚鋼板および円形鋼管 ［J］. 神戸製鋼技報, 2008, 58 (1)：47～51.

［38］ Hatano H, Okazaki Y, Kawano H, et al. Development of high strength steel plates with excellent HAZ toughness under high heat input by Low-Carbon-Fine-Bainite technology ［J］. Bulletin of the Japan Institute of Metals, 2004, 43 (3)：244～246.

［39］ 畑野 等, 川野 晴弥, 岡野 重雄. 建築構造用 780MPa 級鋼板 ［J］. 神戸製鋼技報, 2004, 54 (2)：105～109.

［40］ Kawano H, Shibata I, Okano S, et al. TMCP steel plate with excellent HAZ toughness for high-rise buildings ［J］. Kobe Steel Engineering Reports, 2004, 54 (2)：110～113.

［41］ Kim C M, Lee J B, Choo W Y. Characteristics of single pass welds in 50kJ/mm of heavy thickness shipbuilding steel［C］//Proceedings of the 13th International Offshore and Polar Engineering Conference. 2003.

［42］ Um K K, Kim S H, Kang K B, et al. High performance steel plates for shipbuilding applications ［C］//Proceedings of the 18th International Offshore and Polar Engineering Conference. 2008.

［43］ Lee C S, Kim S, Suh I S, et al. High strength steel plates for large container ships ［J］. Journal of Iron and Steel Research International, 2011, 18（Supplement 1 – 2）: 796 ~ 802.

[44] Lee D, Shin S. Specimen test of large – heat – input fusion welding method for use of SM570TMCP [J]. Advances in Materials Science and Engineering, 2015, 2015: 1 ~ 13.

[45] Shim J H, Cho Y W, Chung S H, et al. Nucleation of intragranular ferrite at Ti_2O_3 particle in low carbon steel [J]. Acta Materialia, 1999, 47（9）: 2751 ~ 2760.

[46] Byun J, Shim J, Cho Y W, et al. Non – metallic inclusion and intragranular nucleation of ferrite in Ti – killed C – Mn steel [J]. Acta Materialia, 2003, 51: 1593 ~ 1606.

[47] Shim J H, Byun J S, Cho Y W, et al. Hot deformation and acicular ferrite microstructure in C – Mn steel containing Ti_2O_3 inclusions [J]. ISIJ International, 2000, 40（8）: 819 ~ 823.

[48] Byun J S, Shim J H, Suh J Y, et al. Inoculated acicular ferrite microstructure and mechanical properties [J]. Materials Science & Engineering A, 2001, 321: 326 ~ 331.

[49] Shin S Y, Oh K, Kang K B, et al. Effects of complex oxides on Charpy impact properties of heat affected zones of two API X70 linepipe steels [J]. ISIJ International, 2009, 49（8）: 1191 ~ 1199.

[50] Sung H K, Shin S Y, Cha W, et al. Effects of acicular ferrite on charpy impact properties in heat affected zones of oxide – containing API X80 linepipe steels [J]. Materials Science & Engineering A, 2011, 528（9）: 3350 ~ 3357.

[51] Sung H K, Sohn S S, Shin S Y, et al. Effects of oxides on tensile and Charpy impact properties and fracture toughness in heat affected zones of oxide – containing API X80 linepipe steels [J]. Metallurgical and Materials Transactions A, 2014, 45（7）: 3036 ~ 3050.

[52] Lee T K, Kim H J, Kang B Y, et al. Effect of inclusion size on the nucleation of acicular ferrite in welds [J]. ISIJ International, 2000, 40（12）: 1260 ~ 1268.

[53] 章小浒, 许强, 陆戴丁, 等. 十万立方米原油储罐用钢板的国产化研究 [J]. 石油化工设备技术, 2001, 22（5）: 32 ~ 36.

[54] 付魁军, 及玉梅, 王佳骥, 等. 大线能量焊接用船体结构钢的研究进展 [J]. 鞍钢技术, 2011（6）: 7 ~ 12.

[55] 杨健, 马志刚, 祝凯, 等. 宝钢氧化物冶金技术的进展[C]//2014 年全国炼钢 – 连铸生产技术会论文集. 2014.

[56] 张宇, 陈少慧, 马毅. 提高钢板 HAZ 韧性"SHTT"技术的开发 [N]. 世界金属导报, 2012 – 09 – 11.

[57] 杨云清, 谭小斌, 于青, 等. 新一代原油储罐用钢板的开发 [J]. 压力容器, 2012, 29（9）: 60 ~ 66.

[58] Shi Z R, Wang R Z, Su H, et al. Effect of nitrogen content on the second phase particles in

V – Ti microalloyed shipbuilding steel during weld thermal cycling [J]. Materials & Design, 2016, 96: 241 ~ 250.

[59] Zhou B, Li G, Wan X, et al. In – situ observation of grain refinement in the simulated heat – affected zone of high – strength low – alloy steel by Zr – Ti combined deoxidation [J]. Metals and Materials International 2016, 22 (2): 267 ~ 275.

[60] 郑超超, 王学敏, 李书瑞, 等. 夹杂物对低碳钢焊接热影响区组织性能的影响 [J]. 中国科学: 技术科学, 2012, 42 (6): 662 ~ 671.

[61] Goto H, Miyazawa K, Yamada W, et al. Effect of the Cooling Rate on Compositions of the Oxides Precipitated during Solidification of Steels [J]. Tetsu – to – Hagane, 1994, 80 (2): 113 ~ 118.

[62] Tomita Y, Saito N, Tsuzuki T, et al. Improvement in HAZ toughness of steel by TiN – MnS addition [J]. ISIJ International, 1994, 34 (10): 829 ~ 835.

[63] Kojima A, Yoshii K I, Hada T, et al. Development of high HAZ toughness steel plates for box columns with high heat input welding [J]. Nippon Steel Technical Report, 2004, 90: 39 ~ 44.

[64] Yang Z B, Wang F M, Wang S, et al. Intragranular ferrite formation mechanism and mechanical properties of non – quenched – and – tempered medium carbon steels [J]. Steel Research International, 2008, 79 (5): 390 ~ 395.

[65] Miyamoto G, Shinyoshi T, Yamaguchi J, et al. Crystallography of intragranular ferrite formed on (MnS + V (C, N)) complex precipitate in austenite [J]. Scripta Materialia, 2003, 48 (4): 371 ~ 377.

[66] Pan T, Yang Z G, Zhang C, et al. Kinetics and mechanisms of intragranular ferrite nucleation on non – metallic inclusions in low carbon steels [J]. Materials Science and Engineering: A, 2006, 438: 1128 ~ 1132.

[67] Wu K M, Inagawa Y, Enomoto M. Three – dimensional morphology of ferrite formed in association with inclusions in low – carbon steel [J]. Materials Characterization, 2004, 52 (2): 121 ~ 127.

[68] Ricks R A, Howell P R, Barritte G S. The nature of acicular ferrite in HSLA steel weld metals [J]. Journal of Materials Science, 1982, 17 (3): 732 ~ 740.

[69] 徐祖耀. 块状相变 [J]. 热处理, 2003, 18 (3): 1 ~ 9.

[70] Wu K M. Three – dimensional analysis of acicular ferrite in a low – carbon steel containing titanium [J]. Scripta Materialia, 2006, 54 (4): 569 ~ 574.

[71] Babu S S. The mechanism of acicular ferrite in weld deposits [J]. Current Opinion in Solid State & Materials Science, 2004, 8 (3): 267 ~ 278.

[72] Wan X L, Wu K M, Huang G, et al. In situ observations of the formation of fine – grained

mixed microstructures of acicular ferrite and bainite in the simulated coarse – grained heated – affected zone [J]. Steel Research International, 2014, 85 (2): 243~250.

[73] Fuentes M D, Gutiérrez I. Analysis of different acicular ferrite microstructures generated in a medium – carbon molybdenum steel [J]. Materials Science & Engineering A, 2003, 363 (1 – 2): 316~324.

[74] Bhadeshia H K D H. Bainite in Steels [M]. second ed. London: Carlton House, 2001, 237.

[75] Jones S J. Modelling inclusion potency and simultaneous transformation kinetics in steels [D]. Cambridge: University of Cambridge, 1996.

[76] Enomoto M. Nucleation of phase transformations at intragranular inclusions in steel [J]. Metals and Materials International, 1998, 4 (2): 115~123.

[77] Sarma D S, Karasev A V, Jonsson P G. On the role of non – metallic inclusions in the nucleation of acicular ferrite in steels [J]. Transactions of the Iron & Steel Institute of Japan, 2009, 49 (7): 1063~1074.

[78] Hur J H, Park S, Chung U. First principles study of oxygen vacancy states in monoclinic ZrO_2: Interpretation of conduction characteristics [J]. Journal of Applied Physics, 2012, 112 (112): 2390~2397.

[79] Malyi O I, Wu P, Kulish V V, et al. Formation and migration of oxygen and zirconium vacancies in cubic zirconia and zirconium oxysulfide [J]. Solid State Ionics, 2012, 212 (4): 117~122.

[80] Guo A M, Li S R, Guo J, et al. Effect of zirconium addition on the impact toughness of the heat affected zone in a high strength low alloy pipeline steel [J]. Materials Characterization, 2008, 59 (2): 134~139.

[81] Lee C, Nambu S, Inoue J, et al. Ferrite formation behaviors from B1 compounds in steels [J]. ISIJ International, 2011, 51 (12): 2036~2041.

[82] 王国栋, 王昭东, 刘振宇, 等. 基于超快冷的控轧控冷装备技术的发展 [J]. 中国冶金, 2016, 26 (10): 9~17.

[83] Yu D, Barbaro F J, Chandra T, et al. Effect of large particles and fine precipitates on recrystallization and transformation behaviour of Ti treated low carbon TiO steel [J]. ISIJ International, 1996, 36 (8): 1055~1062.

[84] Zhang S, Hattori N, Enomoto M, et al. Ferrite nucleation at ceramic/austenite interfaces [J]. ISIJ International, 1996, 36 (10): 1301~1309.

[85] Seo K, Kim Y M, Evans G M, et al. Formation of Mn – depleted zone in Ti – containing weld metals [J]. Welding in the World, 2015, 59 (3): 373~380.

[86] Dong J M, Shin E J, Choi Y W, et al. Effects of cooling rate, austenitizing temperature and

austenite deformation on the transformation behavior of high – strength boron steel [J]. Materials Science & Engineering A, 2012, 545 (21): 214 ~ 224.

[87] Capdevila C, Ferrer J P, Carlos G M, et al. Influence of deformation and molybdenum content on acicular ferrite formation in medium carbon steels [J]. ISIJ International, 2006, 46 (7): 1093 ~ 1100.

[88] Byun J S, Shim J H, Cho Y W. Influence of Mn on microstructural evolution in Ti – killed C – Mn steel [J]. Scripta Materialia, 2003, 48: 449 ~ 454.

[89] Babu S S, Bhadeshia H K D H. Mechanism of the transition from bainite to acicular ferrite [J]. Materials Transactions, 1991, 32 (8): 679 ~ 688.

[90] Zhang D, Terasaki H, Komizo Y I. In situ observation of the formation of intragranular acicular ferrite at non – metallic inclusions in C – Mn steel [J]. Acta Materialia, 2010, 58 (4): 1369 ~ 1378.

[91] Boratto F, Barbosa R, Yue S, et al. Effect of chemical composition on the critical temperature of microalloyed steels[C]//Proceedings of the International Conference on Physical Metallurgy of Thermomechanical Processing of Steels and Other Metals (THERMEC – 88) . 1988.

[92] Wan X L, Wang H H, Cheng L, et al. The formation mechanisms of interlocked microstructures in low – carbon high – strength steel weld metals [J]. Materials Characterization, 2012, 67 (3): 41 ~ 51.

[93] Fuentes M D, Mendia A I, Gutiérrez I. Analysis of different acicular ferrite microstructures in low – carbon steels by electron backscattered diffraction. Study of their toughness behavior [J]. Metallurgical and Materials Transactions A, 2003, 34 (11): 2505 ~ 2516.

[94] Kim Y M, Lee H, Kim N J. Transformation behavior and microstructural characteristics of acicular ferrite in linepipe steels [J]. Materials Science & Engineering A, 2008, 478 (1): 361 ~ 370.

[95] Kim M K H, Seo M J S, Lee C, et al. Grain Size of Acicular Ferrite in Ferritic Weld Metal [J]. Welding in the World Le Soudage Dans Le Monde, 2011, 55 (9 – 10): 36 ~ 40.

[96] Madariaga I, Gutierrez I, Bhadeshia H K D H. Acicular ferrite morphologies in a medium – carbon microalloyed steel [J]. Metallurgical and Materials Transactions A, 2001, 32 (9): 2187 ~ 2197.

[97] Sugden A B, Bhadeshia H K D H. Lower acicular ferrite [J]. Metallurgical and Materials Transactions A, 1989, 20 (9): 1811 ~ 1818.

[98] Zhang R Y, Boyd J D. Bainite transformation in deformed austenite [J]. Metallurgical and Materials Transactions A, 2010, 41 (6): 1448 ~ 1459.

[99] Cao Z Q, Bao Y P, Xia Z H, et al. Toughening mechanisms of a high – strength acicular ferrite

steel heavy plate ［J］. International Journal of Minerals, Metallurgy, and Materials, 2010, 17 (5): 567～572.

［100］ Capdevila C, García – Mateo C, Cornide J, et al. Effect of V precipitation on continuously cooled sulfur – lean vanadium – alloyed steels for long products applications ［J］. Metallurgical and Materials Transactions A, 2011, 42 (12): 3743～3751.

［101］ Medina S F, Gomez M, Rancel L. Grain refinement by intragranular nucleation of ferrite in a high nitrogen content vanadium microalloyed steel ［J］. Scripta Materialia, 2008, 58 (12): 1110～1113.

RAL·NEU 研究报告

（截至 2019 年）

No. 0001　大热输入焊接用钢组织控制技术研究与应用
No. 0002　850mm 不锈钢两级自动化控制系统研究与应用
No. 0003　1450mm 酸洗冷连轧机组自动化控制系统研究与应用
No. 0004　钢中微合金元素析出及组织性能控制
No. 0005　高品质电工钢的研究与开发
No. 0006　新一代 TMCP 技术在钢管热处理工艺与设备中的应用研究
No. 0007　真空制坯复合轧制技术与工艺
No. 0008　高强度低合金耐磨钢研制开发与工业化应用
No. 0009　热轧中厚板新一代 TMCP 技术研究与应用
No. 0010　中厚板连续热处理关键技术研究与应用
No. 0011　冷轧润滑系统设计理论及混合润滑机理研究
No. 0012　基于超快冷技术含 Nb 钢组织性能控制及应用
No. 0013　奥氏体 - 铁素体相变动力学研究
No. 0014　高合金材料热加工图及组织演变
No. 0015　中厚板平面形状控制模型研究与工业实践
No. 0016　轴承钢超快速冷却技术研究与开发
No. 0017　高品质电工钢薄带连铸制造理论与工艺技术研究
No. 0018　热轧双相钢先进生产工艺研究与开发
No. 0019　点焊冲击性能测试技术与设备
No. 0020　新一代 TMCP 条件下热轧钢材组织性能调控基本规律及典型应用
No. 0021　热轧板带钢新一代 TMCP 工艺与装备技术开发及应用
No. 0022　液压张力温轧机的研制与应用
No. 0023　纳米晶钢组织控制理论与制备技术
No. 0024　搪瓷钢的产品开发及机理研究
No. 0025　高强韧性贝氏体钢的组织控制及工艺开发研究
No. 0026　超快速冷却技术创新性应用——DQ&P 工艺再创新
No. 0027　搅拌摩擦焊接技术的研究
No. 0028　Ni 系超低温用钢强韧化机理及生产技术
No. 0029　超快速冷却条件下低碳钢中纳米碳化物析出控制及综合强化机理
No. 0030　热轧板带钢快速冷却换热属性研究
No. 0031　新一代全连续热连轧带钢质量智能精准控制系统研究与应用
No. 0032　酸性环境下管线钢的组织性能控制
No. 0033　海洋柔性软管用高强度耐蚀钢组织和性能研究
No. 0034　大线能量焊接用钢氧化物冶金工艺技术
No. 0035　高强耐磨合金化贝氏体球墨铸铁的制备与组织性能研究
No. 0036　热基镀锌线锌花质量与均匀性控制技术应用研究
No. 0037　高性能淬火配分钢的研究与开发
No. 0038　高铁渗碳轴承钢的热处理工艺及组织性能

（2020 年待续）